THE SECRET OF THE EARTH

Rocks, Earthquake and Human

地球的奥秘

——岩石、地震与人的关系

◎嵇少丞 著

浙江教育出版社·杭州

此书能让你更全面、科学、理性地
认识地球、地震与岩石。

　　近日，在加拿大蒙特利尔大学工学院任教的嵇少丞教授给我来信，告诉我他利用业余时间，写了一本科普书，起名为《地球的奥秘——岩石、地震与人的关系》。他写此书的本意是在中文读者中普及一些地学知识，满足人们特别是青少年对自然与环境刨根问底的好奇心，以及对地球科学问题探索的无穷欲望。他也希望通过这本书，让更多的人科学、理性地认识地球、认识岩石、认识地震、认识灾害，从而自觉地保护环境，与环境和谐共存。我很高兴地得知，他的书即将在浙江教育出版社付梓。

　　我同少丞兄是研究生同学，他毕业于南京大学地质系，我毕业于浙江大学地质系。1982年大学毕业后，我们都考到中国科学院地质研究所读研究生，住在1976年唐山地震后搭建的地震棚中，我们将其戏称为"研究生小院"。少丞兄在此书完稿后，便写信给我，嘱我"看在当年小院兄弟的面子上，给我写一个推介此书的序"。我当然义不容辞，便欣然动笔。

少丞兄当年就是一"学霸"，在大学阶段和研究生阶段都是尖子生。在法国获得博士学位后，大部分时间都在蒙特利尔大学工学院当教授，在地质构造、岩石学、地震学等方面做过深入的研究，发表过很多研究论文，他还利用业余时间写过上千篇博文。总之，他是学问做得好，又精力过剩的那一类"奇人"中的一员。因此，由他来写科普书，当然可以做到娓娓道来，引人入胜。想必读者捧读这本书时，一定会从中学到许多你不曾了解的知识，同时又发觉这些知识非常有趣。如果有一些中学生读了这本书，发觉进行地球科学研究是件很好玩的事，从而立志学地质，做一名既能把脑力劳动与体力劳动相结合，又可以"免费"游览大好河山的地质学研究者，那么少丞兄对这个普通民众还不太熟悉的学科来说，算是做了一件很有功德的事。

我以为，了解地球的奥秘，不仅仅是使你产生获得知识后的快乐，更重要的是能改变你的时空观，使你的心胸更为开阔，甚至会使你的世界观、人生观、价值观得到升华。我写下这段文字，绝不是为了自夸我的专业，而是从我多年来观察不同人的思维方式和行为方式时，得到的一个总体感觉，即人人都会打上所学专业的烙印。比如说，一般学数学的人很精确，学物理的人很严密，学化学的人很细致，我们学地质的，一般来说比较宏观、比较超脱，当然有时候难免像我这样比较粗率。

地球已存在 46 亿年，从其诞生之日起，它就处在不断变化的过程中。因此，活动论是地学家们的主流理论，固定论到今天已没有市场，尽管固定论的观点曾经大行其道。当你想象大陆可以像小舟一样漂移，喜马拉雅山可以从海底快速崛起，松散的沙粒可以在压力下结成坚实的整体，从来没有一个种群长期统治过地球，人类这个自称为智慧的物种仅仅在 300 万年前才现身，难道你还会相信所谓的造物主，所谓的拯救者，所谓的世界末日，甚至所谓的永恒与不朽？

我猜测，少丞兄把这本与地球有关的科普书最终落笔在"人"上，一定是希望读者通过地球的演变历史来观察我们人类本身，从而获得更多智慧与启发。

是为序。

中国科学院副院长、中国科学院大学校长 丁仲礼

2017 年 6 月 12 日

　　宇宙中太阳系的蓝色星球是我们的家园。地球上一切自然现象，从岩石到山泉、从地震到海啸、从瀑布到火山，皆是科学规律的见证。人类与石头对话，读懂山水，融通自然之美、穷究科学之源，认知自身所处环境，熟悉地球的脾气、秉性，远避地质灾害，最大限度地保护生命。

　　过去很长一段时间里，人们对地球的态度基本是一种征服心理，于是才有"人定胜天"的"豪迈"。对石头的兴趣也仅局限于其使用价值，如建筑、修路、采矿等，对山与石科学研究的关注甚少。当果腹生存不再成为问题，接下来是审美意识的觉醒和返璞归真、亲近自然的体验，旅游观光成为潮流与时尚。但是，商业化的旅游观光仅让人们体验自然山水是不够的，自然山水本体的科学内涵往往因此被不动声色地淡化了。现在，一个真正让科学回归的时代正在到来，来自本能的对自然刨根问底的好奇心和科学探索的欲望像熊熊火焰一样燃烧着，成为人们亲近自然的动因，让鲜活生命从此有了崭新的体验。这就是本人作为一线科研人员仍热衷科学传播的原因。

　　《地球的奥秘——岩石、地震与人的关系》是科学出版社2009年出版的《地震与中国大陆形影相随》的姐妹篇。这两本书都从科学的视角讲科普，用科普的语言讲科学，力求"把外行人讲明白，把内行人讲糊涂"。

　　在此我要谨致深深的谢意：感谢我过去的博士生王茜和孙圣思女士以及绘图员叶维克·卢梭（Yvéric Rousseau）先生帮助清绘部分图件与查阅相关资料；感谢中国科学院副院长、中国科学院大学校长丁仲礼院士在百忙中为本书作序；感谢中国科学院科学传播局周德进局长、中国科学院科学传播局科普与出版处徐雁龙处长、中国科学院地质与地球物理研究所钟大赉院士和南京大学许志琴院士的热情鼓励；感谢四川省地质矿产勘查开发局区域调查队的总工程师范晓教授和峨眉电影频道总裁、四川省作家协会副主席何世平在我进行野外考察时提供了帮助和支持；特别感谢周峻颖的理解与支持。另外，本书采用的一些图片来自蒙特利尔大学工学院地质科学教学图片库，还有一些图片来自媒体网络，未能及时联系到有关图片作者，在此一并致谢。

嵇少丞

2016年9月15日于加拿大蒙特利尔

第二章　地震与岩石断裂 ························· 77

第一章

岩石的
奥　秘

① 地壳有多厚

世界上绝大多数大陆内部发生的地震都属于浅源地震，即震源深度小于60千米，且地震往往出现在地壳内部。

一个地区的地壳的厚度如何定义？就看该地区的莫霍面的深度是多少。地壳与上地幔之间的分界面叫莫霍洛维奇不连续面（Mohorovičić Discontinuity），简称莫霍面（Moho），是克罗地亚地震学家莫霍洛维奇（Andrija Mohorovičić，1857—1936）于1909年首次发现的，比地球核—幔边界的发现晚了一年。地球核—幔边界位于地下约2900千米深处，是奥尔·德姆（R. D. Oldham）于1908年发现的。

莫霍面之下的上地幔的组成岩石主要是橄榄岩，其主要组成矿物是橄榄石、斜方辉石、单斜辉石、尖晶石或石榴石，其纵波速度为7.8千米/秒~8.3千米/秒，横波速度为4.3千米/秒~4.5千米/秒。莫霍面之上的地壳的组成岩石主要是花岗岩、花岗闪长岩、闪长岩、辉长岩以及对应成分的变质岩等。地壳岩石的组成矿物主要是长石、石英、角闪石、辉石、云母等，其纵波速度为6.6千米/秒~7.3千米/秒，横波速度为3.3千米/秒~4.1千米/秒。所以，莫霍面的深度或地壳的厚度对应于上述地震波速度变化的界面。

橄榄石，呈耀眼的橄榄绿色，并具玻璃光泽而异常美丽，古埃及人把它称为"太阳宝石"。橄榄岩多作为固体团块被喷发的玄武岩浆迅速地从上地幔带到地表。因此，有人认为，橄榄石的形成与生长必须经过"火"的锻造与"时间"的考验。

世界各地的地壳厚度不一（图1-1）。一般来说，海洋地壳的

厚度比陆地地壳的厚度小得多。例如，大西洋的地壳厚度一般才
3千米～4千米，太平洋的地壳厚度一般为7千米～8千米（海底高
原除外）。陆地上，在构造拉伸地区（如裂谷与盆地），地壳厚度
较小，一般小于35千米；但在构造挤压缩短地区（如青藏高原），
地壳厚度可达70千米～75千米。最新的地质与地球物理研究资料
表明，全球陆地地壳平均厚度为39千米～41千米。以2008年发生
了汶川地震的四川龙门山为例，其东面的四川盆地的地壳厚度为
43千米，其西面的松潘—甘孜地块的地壳厚度为61千米～62千米。

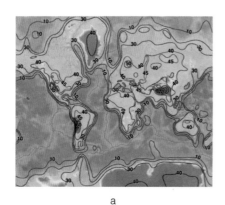

a

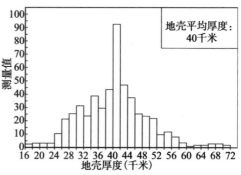

b

图1-1　世界各地的地壳厚度不一

◇ a 为全球陆地地壳厚度分布图［据美国地质调查局（USGS）］。
33千米等深线大多位于海平面以下的大陆架上，向着大陆内部特别是
高原地区，地壳厚度增加。例如，青藏高原的地壳厚度达70千米。b
为全球陆地地壳厚度分布的直方图，平均值为40千米。

② 地球上为什么会有海洋和陆地

　　笔者喜欢陡峭的海岸（图1-2），喜欢听海浪拍打着峭壁的声
音。笔者出生在黄海之滨，那里没有陡峭的岩石海岸，只有淤泥
漫漫的海滩，海水非常缓慢地冲刷着。海滩是盐碱田，长着茅

图1-2　美丽的海岸

◇ a 为法国诺曼底的大西洋海岸。b 为澳大利亚南端的坎贝尔港国家公园海岸。

草、芦苇与盐蒿，生活着野鸭、野兔、丹顶鹤、黄鳝、螃蟹……一到秋天，盐蒿变红，一片片的，而芦苇顶上开着白毛花，也算是原生态的美景。

假如有人问：地球上为什么会有海洋和陆地？或许你压根就不认为这是一个严肃的科学问题。水多的地方就是海，高出海平面的就是陆地。那么，是先有水还是先有洼地？水往低处流，地球表面低洼的地方于是成为海，比海平面高的地方就是陆地。海洋与陆地之间的边界就是陆地的海岸线。

可以进一步问，地球上为什么会出现大面积的洼地呢？这些洼地注了水就是海洋。再进一步问，为什么高地（陆地）与洼地（海洋）不是均匀地分布？若均匀分布，占地球表面积约29.1%的陆地就会像一个个孤立的小岛均匀地分布在占地球表面积约70.9%的海洋之中，从太空看那景象一定很美。

莫霍面的起伏与地形高低构成彼此成镜像的对应关系，地壳越厚，莫霍面越深，这又是为什么呢？

要回答这个问题，先要了解大地均衡理论，它与阿基米德定律有关，其原理连古代的海盗都略知一二。海盗在打劫商船之前，会先预估目标商船上是否载货，载满货物的船只吃水深，露在水面之上的船体少；若是空船则吃水很浅，露在水面上的船身则高。据说，三国时曹冲还用此原理称得大象的重量。

如此看来，海洋之所以低洼，是因为组成海洋地壳的岩石主要是高密度的富铁镁基性岩石；而陆地特别是高原之所以高出海平面很多，是因为陆地地壳的主要成分是低密度的富硅铝的花岗岩类岩石。海洋处本来就是洼地，充填了海水之后，进一步增加了垂直载荷，使地壳更加向下弯曲，也就更加低洼了。

那么，海洋地壳中为什么只有高密度的基性岩石，而没有低密度的富硅铝的中酸性岩石呢？这是因为海洋地壳形成于海洋中脊，上地幔的二辉橄榄岩在1300℃的低共融温度时发生部分熔融，只能产生基性岩浆，冷却后形成玄武岩或结晶为辉长岩。而陆地岩石成分则复杂多了，经历漫长、多期、多阶段、反复的变质、交代、重融，密度大的熔融残余物在增厚陆地（如青藏高原）根部的高压条件下结晶成榴辉岩，密度达3.5克/厘米^3～3.6克/厘米^3，比其下伏的上地幔岩石的密度（3.3克/厘米^3）还大，其命运只能是拆沉下去，进入上地幔。如此反复，陆地地壳的平均密度就会越来越小，最后只剩下低密度的富硅铝的中酸性岩石，即花岗岩、花岗闪长岩及其对应成分的变质岩等，这些低密度岩石在陆地的上地壳中尤为富集，陆地下地壳内部还多少会存有尚未完全转变为榴辉岩的基性麻粒岩、基性片麻岩、辉长岩等。

　　大地均衡理论，又称地壳均衡理论，是指地球外壳的各个地块趋向于达到静力平衡，即在大地水准面以下某一深度处具有相等的压力，大地水准面之上山脉（或海洋）的质量不足（或过剩）由大地水准面之下的质量过剩（或不足）来补偿。1749年，法国大地测量学家布格（P. Bouguer）在南美的秘鲁测量子午线弧长时，发现安第斯山脉自身的质量产生的引力比理论预估值要小很多，证明安第斯山脉下面的岩石密度较小。1854年，英国大地测量学家普拉特（J. H. Pratt）研究分析了喜马拉雅山脉南麓印度的大地测量的结果，发现实测的垂线偏差值也比由可见地形质量算得的值要小很多，同样证明地壳平均密度随地形高度的增加而减少。他形象地将山脉比作发酵的面包，是由地下岩石从某一深度向上膨胀形成的。1855年，英国天文学家艾里（G. B. Airy）推论，陆地地壳就像浮在水上的木块，木块上表面高出水面越多，则其陷入水中部分的深度也越大。他进一步推断，地壳或岩石圈之下的某一深处存在一个等压面，即大地均衡补偿面，在这个均衡补偿面周围，物质的力学性质就像流体一样，在地质时间尺度上，可以发生流动，包括固态塑性流动。大地均衡理论很有用，据此可以研究地球内部构造，如上地幔的起伏，冰川消融之后地壳回跳即地面上升的速度；可用于大地测量学中研究大地水准面形状，为控制导弹运动轨迹、精确打击军事目标提供不可缺少的技术参数；还可用于推估区域重力异常和计算垂线偏差等。

③ 石破天惊

　　中文里有个成语叫"石破天惊"，据说出自唐代李贺的诗《李凭箜篌引》："女娲炼石补天处，石破天惊逗秋雨。"不知大家想过没有，为什么石头破了会令苍天为之震惊？

　　如果石头不破不断，整个地球就会是一个巨大的、光滑的石头球，光秃秃的，寸草不生，没有树林，没有植被。没有庄稼，人类也不能在地球上存活下来。

　　如果石头不破不断，雨水（淡水）就不会流进地下裂隙储藏起来，而是顺着石表直接流入低洼之地，因为溶解了盐而变得越来越咸，无法直接饮用。若陆地上没有饮用水，人类和其他动物也就不可能存活。

　　如果石头不破不断，整山石头很难变成碎块，也无法变成沙泥和土壤。有沙泥和土壤才能生长树木和庄稼，树木和庄稼给人类和其他动物提供食物。

　　如果石头不破不断，地球上就没有碎屑沉积岩，与沉积岩相关的矿产如石油与煤炭也就没有。

　　如果石头不破不断，地球表面就没有千姿百态的地貌、天然巧成的地形，这样的星球该多么萧条！

　　如果石头不破不断，任何岩土工程，例如，地下采矿、开挖地基、打通穿山隧道……都会费时费力，成本大增。在石油或天然气开采过程中，若岩石破得不够，里面储存的油气就出不来，就必须采取昂贵的人工办法如液压制裂。

　　……

　　如此这般，地球上的石头破了、断了，从此地球加快了演化。高山可以夷平，大海可以被沉积物填满，高原可变成海洋，海洋也可变成高原，从此有了沉积，有了土壤，有了植物，有了更多的氧气，有了动物和人类！地球就是如此神奇，一环扣一环，井井有条，持续发展。

　　凡是到过湖南武陵源张家界、天子山、索溪源风景区（图1-3a）的游客，无不为其悬崖绝壁、奇峰突起而惊叹。那些美景正是中晚泥盆纪石英砂岩的水平岩层受到垂直破裂的切割，岁月悠悠，经过长期的选择性的风化剥蚀，形成了峻峭奇峰。如果岩石不破，哪有百嶂千峰、万石峥嵘、蔚为壮观的美景！世界上悬崖

图1-3　自然界中岩石的拉张破裂，无石不破

绝壁多是岩石的破裂造成的。挪威南部靠近斯塔万格市的吕瑟峡湾（Lysefjorden）中部有一处世界著名的惊险景点——布道石（Preikestolen or Pulpit Rock），它是一垂直破裂切割而成的巨大石柱，高耸于吕瑟峡湾，垂直落差达600多米。从下往上看，这是个几乎与海平面成90°的垂直悬崖，动人心魄！站在布道石上，视野开阔，美丽的吕瑟峡湾及其对面的谢拉格（Kjerag）山的壮阔景色一览无余。为了保持峭壁的惊险本色，布道石的边缘尚未修建任何安全护栏，从吕瑟峡湾吹来的大风甚至能让人感到一阵晕眩，因而布道石被誉为"勇敢者的标志，恐高症患者的禁地"！

清代扬州八怪之一的郑板桥写过一首咏竹诗《竹石》：

咬定青山不放松，立根原在破岩中。

千磨万击还坚劲，任尔东西南北风。

这首诗写出了植物根系与岩石裂隙之间的关系。无论东西南北风，竹子依然没被连根拔起，皆因为其根紧紧地"咬"定青山的岩石不放松。当然，必须要"咬"在关键部位，即石头缝里。竹子，只有将根深深地、牢牢地扎进岩石的裂缝里，才能坚定顽强，保持自己的风骨。

构造运动在地壳岩石间产生应力，只要应力大于岩石的张裂强度或剪切强度，岩石就会发生破裂。岩石破裂在构造地质学上称为节理。岩石节理连续穿越，往往延展很深很远。同一方向的节理之间一般是近乎等间距排列的（图1-3），两组不同方向的节理就像快刀切豆腐一样把岩石分成一系列菱形的块体（图1-4）。虽然岩石在我们人类面前显得坚硬无比，但在大自然的构造应力作用下，就又如豆腐一样易破易碎。

图1-4　自然界中岩石的共轭剪切破裂，亦称夫妻节理或X型破裂

　　雨水顺着岩石的裂缝往下渗透，地下水终年在岩石裂隙中穿流，久而久之，岩石中易溶的化学成分就被溶解搬移，岩石裂隙因遭侵蚀而变得越来越宽，尘土和树叶落于其中归化为泥，树种随风落进岩石裂隙，在那里生根、发芽、长大（图1-3d）。所以，我们在山里常常见到一棵棵树像人工种植的那样做线性排列，结队成行，就是因为受到岩石破裂的定向影响。在两组交叉的、垂直的X型节理的地区，位于这两组节理交点位置的树木长得最大、最高，因为那里水分最为充足，无论在哪组节理中穿流的地下水都会经过那里。由于可以"紧咬"四个方向的裂缝，树木根系更加发达。由此可见，岩石的变形与构造制约地表植被的发

育，地球的岩石圈与生命圈是密切相关的。

上述两组共轭剪切破裂（节理）各自向对方倾斜，呈"X"形（图1-4），交叉点共用，构成两组节理面的交线。两组节理总是像夫妻一样同时出现。所以，共轭剪切破裂可以形象地称为夫妻节理。在地质学领域中，节理的英文为Joint或Fracture。

共轭剪切破裂可以把岩石切割成一个个菱形块体，形成独特的地貌特征。构造地质学家利用共轭剪切破裂确定破裂形成时作用于岩石的构造应力场，两组节理面的交线方向是中间主应力的方向，两组节理面的锐角等分线的方向是最大主应力方向，两组节理面的钝角等分线的方向是最小主应力方向。

脆性破裂能有效地增加岩石的渗透性，促进流体在岩石中迁移。2008年汶川地震时，干枯河床上喷出水柱，就是因为同震破裂剪断地下不透水层、释放地下高压流体所致。地震时，从岷江干枯河床上喷出的黑色水柱，从岷江河床一直喷到山上的通信基站，足有100多米高。水柱喷过之后，岷江里出现一大堆黑色的淤泥，呈伞状堆积在那里。喷出黑色水柱的地方位于都江堰—汶川公路的92公桩（里程标识石桩）处，靠近蔡家杠村。野外地质考察证明，龙门山主中央断裂在该处通过，断

图1-5 实验变形过程中岩石试样中出现X型破裂。两组剪切破裂面的锐角等分线的方向指示最大主应力方向

层剪破了地下不透水层（断层泥），圈闭在不透水层之下的高压流体在断层错动的一刹那迅速地冲出地表，喷至空中。由于当地地下的不透水层是三叠纪的须家河组含煤页岩地层，煤溶到高压流体之中，故呈黑色。喷出地表后，流体的压力骤降，原先悬浮于流体中的固态颗粒就在地表喷水口的周围沉积下来，形成伞状的黑色淤泥堆积。

横跨紫坪铺水库的庙子坪大桥，其桥墩高100余米，建成后桥面离水面近40米高。在汶川地震中，大桥中间一截长约50米的桥面突然断落库底。据目击者说，那段桥面不是被地震震下去的，而是被水库里突然喷出的高压水柱冲掉的。由此可见，在这里地表水是无法向地下深处断裂带中渗透的，断层泥是不透水的（汶川断裂科学钻探在几百米深处才打出几米厚的断层泥）。同震破裂发生时，不透水层被剪破，地下高压水才喷出地面。

岩石破裂为地下热液或岩浆提供流动运移的通道，因此许多热液矿体贮存其中。此外，摸清岩石节理的走向与分布，对于在缺水地区（如中国西北地区与非洲等地）找寻地下水尤为重要，只要钻孔打进岩石节理特别是两组节理的交会部位，就可以提高出水概率。如果移动哪怕一小点距离，打到节理之间的菱形块体内，就可能出不来水，就是干井。所以，正确地利用构造地质学知识指导科学找水尤为重要。

图1-6所示的是中国台湾地区新北市的野柳海岸，从中我们

图1-6 岩石的共轭剪切破裂

可以看出 X 型破裂是如何控制海岸线的形状的，一组破裂伸往东偏北方向，另一组破裂伸往西北方向，海水顺着岩石的这两组破裂侵蚀分化，形成极具特色的海湾与岬角，可以说，岩石的这两组共轭的节理塑造了当地的地形与地貌。

有则谜语说："中国哪个地方的人劲儿最大？"谜底是：台（抬）山人。台山是广东省的一个县级市。其实，把山抬起来，理论上是可能的。"只要给点水，我能把山撬起来；给点水，我能把地球撑裂。"这是笔者在课堂上对学生说过的话。从理论上讲，这是完全可能的，因为只要岩石中的流体压力大到超过由岩石重量形成的垂直应力，这个深度以上的地壳及山脉就抬起来了。岩石中那些走向近乎水平的岩脉就是这些山曾被局部流体撑裂、抬起来过的明确证据。

地球深处的流体，可能是岩浆，也可能是水的热液，其中溶解有丰富的矿物质，最常见的矿物质是碳酸钙和氧化硅。当流体压力等于或超过岩石中最小主应力（σ_3）和拉张强度（T）之和时，岩石就要发生张破裂，流体瞬间被强行吸入岩石的张破裂之中，然后局部流体压力骤然降低。通常，流体中矿物质的溶解度随压力和温度的降低而降低，原先溶解于高压流体之中的矿物质在低温围岩的近似真空的张破裂中沉淀、结晶与生成，造成张破裂的堵塞、淤积与愈合。如果高压流体中除了溶解有碳酸钙（方解石）和氧化硅（石英）之外还有其他金属，尤其是贵金属（如金），那么上述地质作用就是成矿过程。要是上述过程不断循环重复，即流体压力造成岩石拉断—愈合—再拉断—再愈合，经过无数次循环重复，成矿元素不断富集，就会形成有开采价值的经济矿床。

除了上述的拉张破裂与共轭剪切破裂外，还有体积收缩造成的网格状的张破裂（图 1-7，图 1-8）。体积收缩既可以由干燥脱水造成（大多出现在淤泥之中，图 1-7a，c），也可以是岩浆喷发至

图1-7　由体积收缩形成的多边形拉张破裂

◇ a 为新疆南天山榆树沟的干裂缝，深达50厘米~80厘米，最宽达20厘米。b 为智利阿塔卡马盐湖（面积3000平方千米，平均海拔2300米，锂蕴藏量占全球的27%）表面盐层的多边形收缩破裂。c 为实验室中泥巴的干裂缝（Goehring and Morris，2014）。d 为玄武岩的柱状节理。

地表冷却造成（大多出现在玄武岩中，图1-7d），还可以由结晶作用造成（如出现在盐湖表面的结晶盐层中，图1-7b），甚至可以由热胀冷缩造成（图1-8）。在力学性质均匀的材料里，张破裂的网格多呈六边形，张破裂把地质材料切割成六边形柱子。

　　图1-8所示的是在地球北极圈的冰缘地区出现的一种特殊地貌：多边形网格构造，线条纵横交叉，所围地块主要为六边形或四边形，也有五边形与三角形，这些线条之间的地块相对于线条或高或低，低者往往形成水潭或湖泊（图1-8a，b），高者造成网

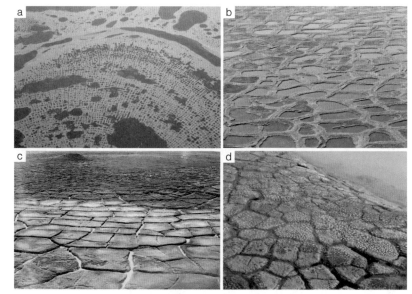

图1-8 冰缘地区的多边形网格构造

◇ a，b，c为航拍照片。d为湖边岩石的露头照片。

格条带成凹沟（图1-8c，d）。从飞机上看，地球表面的这些网格构造组织有序，甚为美丽。后来，人们发现火星表面也有类似的网格构造，于是有人猜测火星上有人，认为这些网格构造为人类活动的结果（如农田或灌溉系统等）。其实，这些网格构造是冻土因季节变化发生热胀冷缩而形成的多边形裂隙，因此，有人推测火星表面曾经具有与地球北极圈冰缘地带相同或类似的地质环境。

大家知道，池塘干涸后，塘底的淤泥在阳光的烘烤下，逐渐脱水干燥，体积收缩，形成垂直于地面的多边形破裂。这些破裂把泥巴切割成无数多边形块体（图1-7a），每一个多边形块体还会出现中间低洼、周围上翘的现象。这类破裂叫干裂，在垂直剖面上常呈"V"形，即上宽下窄。想象一下，如果之后风或其他动力把粉沙或黏土搬运进破裂里，并逐渐填满这些裂隙，下雨之后，人们就会看到被网格条带分隔出一个个多边形水洼。这样的样式是否就如北极圈冰缘地区所见的多边形网格样式？所以，地球表面多边形网格构造的成因主要是收缩破裂。

收缩破裂也常见于玄武岩之类的火山熔岩之中（图1-7d）。随着岩浆冷却固化，体积缩小，在平行于冷凝面（平行于地形面）的方向上发生收缩拉张，形成多边形网格状拉张破裂。熔岩围绕若干冷缩中心冷凝收缩，皆向各自的冷缩中心拉，在相邻两个冷缩中心的连线上产生拉张应力。正常情况下，圆状破裂的表面积最小，所需破裂能最小。然而，圆状破裂无法合理地处理与周围破裂的关系（这是二维空间等大圆的堆积问题），所以最佳的破裂网格应呈正六边形，这样的几何构形使得冷却凝固后的玄武岩被张性破裂均匀地瓜分。但是，由于岩石往往存在不均匀性，实际情况往往偏离正六边形，为四边形、五边形，甚至七边形。火山熔岩中，这种网格状破裂称为柱状节理（图1-7d）。

虽同属收缩破裂，北极圈冰缘地区的多边形网格构造又有别于岩浆熔岩中的柱状节理与沉积岩中的干裂。在北极圈冰缘地区，冬天零下几十摄氏度，夏天上升到零摄氏度以上。裂纹一旦形成，之后破裂的增宽、加深与冰的作用密不可分。夏天冰雪融化，液态的水渗进多边形的破裂之中，到达一定深度，那里的温度低于零摄氏度，水结晶成冰，体积膨胀，导致破裂增宽与加深。上述过程不断反复，破裂不断增宽与加深，有的宽达几米、深达几十米。同时，石块与泥沙也会掉进或灌进这些拉张破裂。在垂直剖面上拉张破裂中呈"V"形的冰，叫冰楔。冰楔体积随季节变化，夏小冬大。

由冰结晶造成的膨胀力不仅发生在水平方向上，而且还出现在垂直方向，其结果是冰楔上面的沉积土层往上拱，被破裂所围的多边形地块呈浅碗状，成为湖泊。但是，如果冰楔上面没有土层，是坚硬的岩块，那么冰楔不易导致其变形，岩块则为正地形（突起），破裂为负地形（槽沟）。这就是处于极端天气条件下地球北极圈的冰缘地区多边形网格构造的成因。

提到北极圈的冰缘地区，就不得不提"地球的冻疮"，它只出现在地球上的寒冷地带，形状像包子，确实是冻出来的"包包"，底部直径最大可达600米，最高可达70米（图1-9a，b）。小的"包包"底部的直径只有几米，高几十厘米（图1-9c）。"包包"顶部往往高低不平，时有塌陷，经常出现放射状的张破裂（图1-9a，b）。这样特殊的地貌，称为冻胀、冻胀丘等（英文叫Pingo或Hydrolaccolit）。我国境内已知最大的冻胀出现在昆仑山垭口（青藏公路62道班），它底部直径为40米～50米，高达20米。加拿大北部与西北部［如图克托雅图（Tuktoyaktuk）］和美国阿拉斯加［如卡德利尔希利克（Kadleroshilik）］的冻胀很漂亮。冻胀还成为加拿大的国家地标，加拿大设立了专门的冻胀国家公园，里面有8个大型的冻胀。此外，格陵兰、俄罗斯的西伯利亚以及挪威的斯匹次卑尔根岛地区也有很典型的冻胀。全球有名的冻胀有11000个。

要去加拿大的冻胀国家公园，必须先到位于69°26′34″N，133°1′52″W的小镇图克托雅图（意思是"很多驯鹿经过的地方"）。小镇住的是因纽特人，黄皮肤，黑眼睛，与生活在中国青藏高原和内蒙古高原的人很像。据说，他们的祖先来自亚洲大陆，很久很久以前跨过白令海峡到达美洲大陆。小镇的居民自称"因纽特"。因纽特人吃生肉，这是对北极圈寒冷环境的一种适应。在北极，寸草不生，在外打猎的人哪能找到木柴生火做饭？因纽特人的传统食品全是肉，例如海里的鱼类、海豹、海象以及鲸类，陆地上的驯鹿、麝牛、北极熊等。因纽特人的帽子是用狼皮做的，衣服里面是雪鹅的羽绒，全手工制作，御寒效果极佳。

冻胀是一种冻土地貌，主要分布在冰缘地带。每逢寒冷季节，土石之下的透镜状水体结冰，体积膨胀，造成地面隆起。周围的冻土造成的向下的垂直压力，驱动周围的液态水不断向中间冰体底部流动，于是，冻胀下面结更多的冰，冰体变得越来越

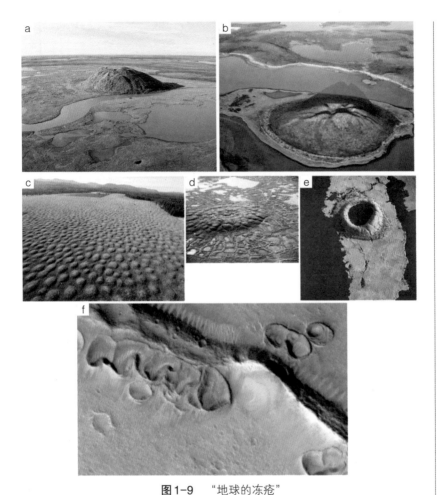

图1-9 "地球的冻疮"

◇ a，b，c为冰缘地区的冻胀构造。d，e为消融—垮塌后的冻胀。f为火星上类似冻胀的构造。

大，冻胀越来越高，馒头状的外表面积不断增加，造成圆环向拉张应力，于是形成放射状拉张破裂（图1-9a，b）。另外，随着冻胀的表面坡度不断增加，部分破裂岩块与土壤滑落下来，形成碎石圈（图1-10）。每当夏季来临，气温升高，冻土与冰体部分融化，冻胀会适当地缩小。冻胀是否逐年长大，取决于每年的平均温度。如果气温持续变暖，那么冻胀逐渐缩小，最终完全垮塌

图1-10　碎石圈

◇a，b，c 为加拿大北方冰缘地带的碎石圈。d 为碎石圈形成与演化机理示意图。

（图1-9d），形成圆湖（图1-9），或者留下大石块在周围、小石块与沙子在中间的同心圆构造；如果气温持续变冷，那么冻胀逐渐长大长高。例如，加拿大的伊比克（Ibyuk）冻胀（直径300米，高49米），已有1000多年的历史了，现在每年还增高2厘米。有些小的冻胀，冬天出现，夏天消失。冻胀会严重影响路基稳定性，曾给修建青藏铁路造成了不少困难。

图1-9f是美国国家航空航天局机器人拍自火星的一张照片，似乎类似地球上的冻胀地貌在火星上也有，若果真如此，火星上有水则是必然的。

图1-10a，b，c所示的是小型冻胀消融之后，在周围留下的碎石圈，其形成过程如图1-10d所示，在含有岩石碎屑的冻土带，因为下部永久冰冻，只有地表上层部分随季节性温度的变化而抬高或降低。每年冬季，冰透镜体形成而使地面上拱，将冻胀上部土壤和碎屑向上抬升，岩块碎屑滑落冻胀周围；而每年夏季，冰体融化造成冻胀坍塌，体积收缩，岩块碎屑进入冻胀周围多边形裂隙，因为冰楔裂缝上宽下窄呈"V"形，大石块只能在上面，而小的碎块掉向下方更窄的裂缝中。上述地质过程不断重复，久而久之便形成如图所示的碎石圈。

在北极圈之内的冰缘地带，地广人稀，鲜有人类活动的痕迹，可想而知，在这样的荒山野地里见到一系列碎石圈，像人为排列的艺术作品，以前不懂自然科学的人们很难理解。他们为解释其成因甚至提出过许多假说，例如，碎石圈是史前人类部落的地标，或为了计划农作，或为了观测日月运行，或为了祭神祭天，大圈代表太阳，小圈代表星辰。甚至有人认为碎石圈是外星人来地球时留下的作品，说得神乎其神。现在，我们知道了这些大小不等的碎石圈是冻胀涨消的痕迹。

④ 浪喷泉

海岸陆地上的裂隙会造成一种特殊的地质现象——浪喷泉。顾名思义，浪喷泉就是强风驱赶着的海水强力涌进地下喇叭形洞穴，然后从海岸陆地上的裂隙喷出，有的高达几十米。射到空中的水柱由于压力骤减，顿时化作水雾，翻滚腾跃，阳光下雾霭光影，掩映如锦，景象蔚为壮观（图1-11a，b）。有的浪喷泉，到达地表像人工喷泉，很多细小的水柱形成多姿多彩的弧线，交错喷射。抛向半空的水珠，在阳光下形成彩虹或天女散花的奇观。有的浪喷泉在喷射过程中，还会发出雷鸣般的声响，气势宏大，响彻海谷，令人惊叹。

浪喷泉的形成机制见图1-11c。浪喷泉下部与海连通，由于水道异常复杂，水流急，旋涡多，暗涌深，海浪一股一股地涌来，海水间歇地涌进泉洞，浪喷泉不是一刻不停地喷涌出来，而是一停一喷，好像先是攒着一股劲、憋足一口气，然后狠命地射出来。喷发的时候，海水可以喷射成几米，甚至几十米高的水柱。喷射完了，休息一会儿，再发生一次新的喷发。如此反复循环，就是浪喷泉的特征。

澳大利亚新南威尔士州的凯马（Kiama）浪喷泉，能喷25米高，每年有60万游客专门到那里参观。日本有个三段壁浪喷泉，位于和歌山县西牟娄郡白滨町海岸边的断崖绝壁。

图1-11 浪喷泉（a，b）及其形成机制示意图（c）

⑤ **地下藏美与大峡谷的形成**

凡是去过美国科罗拉多大峡谷（图1-12）和中国长江三峡、虎跳峡与怒江峡谷的人往往会问：河流为什么能在山间岩石上形成深达千米的"V"形山谷？在地质学上，这涉及基岩河道的底侵深掘机制的问题。

先让我们一起去考察美国的羚羊谷（Antelope Canyon），它位于亚利桑那州印第安人纳瓦霍族（Navajo）的保留区内，据说因野羚羊经常出没而得名，当地印第安人将之称作"Tse Bighanilini"，即"大水穿透岩石的地方"。从地表看，羚羊谷就是一条干枯的河沟（图

图1-12　位于美国亚利桑那州西北部的科罗拉多大峡谷

1-13a），似乎平淡无奇，峡谷在地面的宽度仅有20厘米～50厘米，而谷深却达几十米甚至上百米，它低调地把美藏于地下成千上万年，就像性格孤僻、内敛的姑娘，静静地不露声色，内心却时有暴洪般的冲动与飞扬。它集形、色、柔、韵于一身，红黄色砂岩中的交错层理构成柔美而又和谐的线条，绘出一个个漂亮的曲面，与皱、漏、透、空一起构成诡异神秘的形状。地下河道两壁光滑柔美如流水般的曲线（图1-13b，c，d），让人们忘了岩石的坚硬，一不小心就会碰头。阳光通过岩石缝隙的天窗"探头"进来，倾泻而下，经过岩石的多次反射，形成梦幻般五彩缤纷的

图1-13　美国亚利桑那州的羚羊谷

◇ a为地表。b，c，d为地下。

色彩，好像天堂开了一扇拱门，人们由衷地惊叹大自然的美妙！美哉，美哉！石头以这种流水曲线的方式掩饰内心的苍凉，温柔可爱得让人不忍离去。

其实，羚羊谷就是一条地下河道，在其干枯季节，人们可以不湿鞋地走进去，一睹大自然的鬼斧神工。岩石在不同季节的含水量不同，造成其对光的吸收率和折射率亦不一样，一年四季谷底不同的角度显示的色彩皆不同，夏天偏橘红粉红，冬天偏蓝紫色，春秋介于两者之间。阳光照耀下，石头玲珑剔透，好像黄昏时分点燃的玻璃灯。羚羊谷的地下之美大大超出了人们的想象，它给予人们思想的启示和对人生哲理的深刻思考。羚羊谷现已成为全世界摄影师和摄影爱好者眼中的"神山宝殿"。

虽然美国亚利桑那州炎热干燥，但羚羊谷并不是永远干枯。1997年8月12日，有12位游客在没有当地导游陪同的情况下，擅自进入下羚羊谷。当天峡谷所在地只是下着毛毛雨，但在20千米远的上游下了一场降雨量约为40毫米的暴雨，水流迅速涌入狭窄的羚羊谷中，突然形成的暴洪冲走了11位游客，只有一位28岁的美国青年夹于一条岩石狭缝才幸运获救。在那样曲里拐弯的地下峡谷里遇到暴洪是很难逃生的，洪水冲带着人体撞击石柱，然后卷进旋涡，即使水性很好的人也会伤亡。

实地考察表明，羚羊谷的地下河道是由一系列壶穴（Pothole）联结贯通而成的。季节性的洪水顺着岩石内垂直的节理面流入地下，激流冲击河底的砾石，在无数洼坑里旋转、研磨、刻画、撞击着基岩，旋涡中的岩石碎块与矿物颗粒像一个个锋利的钻头，不断刨蚀掏空着河底的基岩，形成无数水壶形状的大大小小的洞穴，这就是地质学上所说的壶穴。壶穴中的研磨（Abrasion）可分为壁磨和底磨两种作用。底磨主要由壶穴内质量较大的石块或砾石完成，而壁磨主要由冲进壶穴内的质量较小的碎石与砂粒完成。壶穴的直径与深度之比主要取决于壁磨和底磨作用力的相对比例。高速水流推动石子猛烈撞击基岩，使基岩破裂张开，水被压进基岩裂隙内部，细沙子也挤进裂隙。水中携带的气泡撞进基岩裂隙内部，并产生爆破，产生新的微破裂。随后，从石头上裂解出来的颗粒或岩屑就被流水冲走。具体来说，壶穴增深与增大的速率皆取决于水流的速度，壶穴内部砾石的硬度、形状与数量，基岩的岩性、强度及结构。若遇软岩夹层，壶穴直径迅速增加。

壶穴形成的速度相当惊人。例如，在第二次世界大战时期人工开挖的一条水渠，仅用60年时间，水渠底部坚硬的玄武岩上就形成了长1.1米、宽0.8米、深1.29米的壶穴。在美国阿拉斯加州乌卡克（Ukak）河上，仅用了85年时间就形成直径4米～6米、深2米～3米的壶穴。在页岩和粉砂岩上，20年的时间就能使壶穴的大小增加4倍。随着壶穴直径的增加，相邻壶穴就会彼此贯通或相互合并，形成槽流，河道也就因此加深了。除了上述的机械磨蚀作用外，化学溶蚀或腐蚀（Corrosion）也会起到一定的作用，易溶的物质如方解石可以被河水溶解搬运而去。长期的物理与化学作用侵蚀着壶穴岩壁颜色鲜艳、层理精细分明、空隙度相对较高的砂岩，形成细长狭窄而又复杂多变的地下河道，这大概就是羚羊谷的成因了。

壶穴有两个显著特点（图1-14）：一是坑壁光滑如镜，在坚硬、各向同性的岩石之中更为明显，如花岗岩、长英质片麻岩、灰岩、砂岩、泥岩等。二是只要没有人移动过，坑内总有砾石存在，其表面非常光滑，磨圆程度高。原先有棱角的石块，在涡流的冲击下，反复研磨着坑壁，石头磨石头，最后，棱角磨圆了，呈鹅卵状，大小不一。上述特点证明，壶穴的确是由水流携带乱石、砂粒对原先小幅度洼凹之地（如节理与层理交界处）岩石进行研磨、摩擦、刻画、撞击等磨蚀作用形成的。

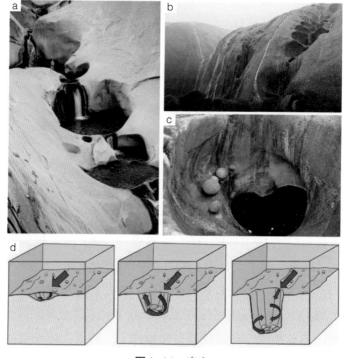

图1-14　壶穴

✧ a 为美国加利福尼亚州克恩（Kern）河上花岗岩中的壶穴。b 为澳大利亚乌卢鲁（Uluru）地区著名旅游景点——艾尔斯岩（Ayers Rock）上由雨水冲刷形成的壶穴。c 为芬兰东部米克洛（Mikkeli）地区一个深达8米的壶穴。d 为壶穴形成过程示意图。

壶穴是一种普遍的地质构造，它以光、曲、滑、漏、透、空为特征，极具旅游观赏价值。例如，中国园林里质量上乘的太湖石就是充满贯通壶穴（发育窝孔、穿孔、道孔）的石灰岩。南非还有一个专门到特鲁（Treur）河（峡谷）观赏壶穴的地质公园（图1-15），最佳观赏地点位于莫尔梅拉（Moremela）村附近（24°40′28″S，30°48′39″E），离布莱德（Blyder）河与特鲁河交汇处不远。当地人给那里的壶穴起了一个有趣的名字：布鲁克先生的幸运壶穴（Bourke's Luck Potholes）。当年布鲁克先生找金矿，一路辛苦

图1-15　南非特鲁河谷的壶穴及其对河道的深掘作用

来到这里，虽然没找到金矿，却意外地发现美轮美奂的壶穴群，现已成为世界著名的旅游景点，变成当地人创收的"金库"。要想看壶穴，最好就是去水流湍急、岩石坚硬的峡谷。因交通便利，长江三峡（重庆万州—奉节的瞿塘峡—巫山巫峡—湖北巴东楠木园一线的长江两岸）是中国游客看壶穴的最佳地点。最佳时间是干旱年份的3月～4月，因为其他时间长江水位高，壶穴淹没于江水之中，只有春天枯水时节，壶穴才露出水面。三峡壶穴是记录长江地形、地貌变迁，江水与岩石相互作用的关键性证据。

壶穴形成的过程就是基岩上河道下切的过程，通过这个过程，河流在山间形成陡峭的"V"形山谷，例如，美国的科罗拉多大峡谷（图1-12）和中国的长江三峡、虎跳峡、怒江峡谷都是这

样形成的。山间河流的下切速度一般为0.01米/年～0.10米/年。位于美国亚利桑那州西北部的科罗拉多大峡谷，号称"世界七大自然奇观"之一，全长446千米，平均深度1200米，最深处1829米。谷宽6.5千米～29千米，但在许多地方其宽度只有约500米。两岸的悬崖峭壁（图1-12）正是壶穴在河流作用下快速下切的结果。怒江峡谷有个名为石月亮的地方，山顶上有个圆圆的洞，看上去就像挂在半空中的月亮。其实，这个近乎圆形的洞就是一个曾经的大壶穴，当时河底还在那个高度。如果河流每年下切3厘米，那么每一万年河底就要下降300米，这个速度是惊人的。山里的物质源源不断地被水流搬运到海洋，然后沉积下来。根据大地均衡理论，山区地表的物质被流水搬运走了，进一步导致区域地壳的整体抬升，就如漂浮水面的船，船上的货物卸载了，船就被抬升起来，浸到水下的船体高度减小。通过山体的剥蚀作用，原先深藏地下20千米～30千米处的岩石就抬升出来，最终暴露于地表。所以说，壶穴作用对于河道下切与地壳抬升意义重大。

不幸的是，在中国，壶穴以前被人误认为冰臼并作为存在第四纪冰川的证据，近年来甚至还有人把山坡上中浅壶穴误认为"骡、马、驴蹄窝"并以此作为茶马古道或京西古道的证据。造成后一误解的原因是有人错误地以为壶穴必须是在水很深的河道里才能形成，忽略暴雨和山洪对山坡的冲刷与所携带岩块对基岩的磨蚀作用。在地质时间尺度里，暴洪即使在中国北方也是常见的现象，例如，2012年7月21日至22日8时左右的时段里，北京市的房山区，平均降雨量高达460毫米，其中房山区河北镇，降雨量更高达519毫米。暴雨过后，山坡上出现许多大大小小、深浅不一的冲刷坑。图1-14b所示的是澳大利亚北部乌卢鲁地区著名旅游景点——艾尔斯岩，又称大红山，上有由雨水冲刷而形成的山坡壶穴。艾尔斯岩是一整块岩石，也是一座孤山，傲立于荒漠之上，它长3.2千米，宽2千米，高348米（海拔867米）。这里年温差很大，夏季的平均温度为37.8℃，最高温度甚至达到过46℃，冬季的夜间温度低至零下5℃。年平均降雨量仅为307.7毫米，比中国北京地区（556.0毫米）几乎少一半。尽管如此，在成千上万年的岁月里，一场又一场的暴雨还是在光滑的岩石表面迅速汇聚，顺坡冲刷，形成一系列壶穴。

综上所述，壶穴作用是基岩河道底侵深掘、地壳岩石剥蚀与抬升的重要机制。美国羚羊谷与南非特鲁河是壶穴作用活的教科书。其实，世界上有许多峡谷或狭窄的地下河流，只是它们现在没有干枯，人类目前尚无法观赏其水底美轮美奂、彼此贯通的壶穴。

⑥ 岩石中的羽状构造

地震时，断裂在岩石中传播速度很快，最高可达每秒几千米。空气中的音速才340米/秒，而岩石中断裂的传播速度比空气中的音速快了近10倍，在断裂两侧岩石中形成状似鸟类羽毛的羽状构造（图1-16a），故得名。图1-16b，c所示的"羽毛"，不是带毛恐龙或飞鸟留在岩石中的化石，而是由地震形成的岩石构造。汶川地震之后，四川省陈家坝乡附近龙门山中央主断裂内出现了这样的羽状构造（图1-16c），它是地震破裂在岩石中快速传播留下的痕迹，常见于细粒的岩石（如粉砂岩与石灰岩）之中。地下核试验之后，爆炸源周围的岩石也会留下这样的羽状构造。

岩石破裂面上的羽状构造（Plume Structure 或 Feather Fracture）由羽轴及两侧的羽片构成，羽片上有一系列羽枝，构成"人"字形。羽枝发散方向指示岩石破裂的扩展或传播方向，羽枝收拢汇聚方向即羽根指向裂源点。从岩石羽状构造研究中可发现，裂源点总是岩石中原先存在的力学薄弱点，如岩石中的空洞、裂隙、化石、弱矿物等。如此看来，地震时，岩石中的破裂

图1-16 岩石中的羽状构造

◇ a 为鸟的羽状构造。b，c 为因地震形成的
羽状构造。

是从一个薄弱点跳到另一个薄弱点的，就像运动员的三级跳，这
可以加深我们对岩石断裂机制的理解。地质学家的工作方法就像
刑警破案，警察在案发现场仔细寻找"罪犯"作案时留下的痕
迹，分析"凶手"的行动顺序。岩石中破裂面上的羽状构造就是
地震影响地质构造的证据，地质学家通过它来判断古破裂的传播
方向，查明断层运动的方式和原因。例如，四川省陈家坝乡附近
龙门山中央主断裂带中的羽状构造岩石，初看像贝壳，仔细看是
"羽毛"。再细微的地震破裂都会不可避免地在岩石中留下痕迹，
逃不过构造地质学家的"火眼金睛"。

⑦ 石头中的"电波"

如图 1-17 所示，在天然岩石，通常是细颗粒的石灰岩、大理岩、石英岩中，常凝固一种"电波"。这种构造地质现象与流体沿着岩石内部裂隙渗溶有关，岩石中的电波状构造叫作缝合线（Stylolite），是岩石内不同化学成分的物质在压溶（Pressure Solution）过程中因溶解度不同所致。例如，方解石在垂直于最大主应力方向的面上被溶解并随流体搬运而去，而该面上黏土矿物（通常呈黑色）却不易溶解，原地保留，逐渐集中，就会形成不规则的波浪线。构造地质学家可以利用这种"电波"尖顶角指向确定最大主应力方向。

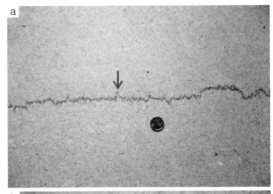
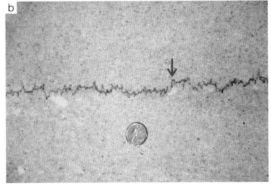

图 1-17 加拿大魁北克石灰岩中的缝合线构造，箭头表示最大挤压应力方向

穿冰鞋溜冰就是利用水冰的压溶作用。每只冰鞋下面有一把钢质冰刀，在人体的重力作用下，冰刀口接触的冰面受到的压力增加，造成冰的融化，在冰刀与冰面的接触面上形成薄薄的一层水，从而减小冰刀与冰面的摩擦力，提高滑移速度。

⑧ 李四光与他的宝贝石头

　　20世纪40年代初的一天，在广西桂林良丰雁山村的山沟里，李四光的学生张更在第四纪砾石沉积物中发现了一块一寸多长、形状类似马鞍的砾石，他拿着这块标本去请教李四光。李四光手拿放大镜仔细端详这块弯曲的砾石，想了想，然后向大家解释说："这块小砾石弯曲成马鞍形，我想它可能是这样形成的：一端被紧紧夹在坚硬的石缝里，另一端长期被冰流推压着，渐渐地就成了这个形状。它证明岩石并非只会碎裂，在一定条件下，它也是具有可塑性的。"这就是岩石的塑性变形现象。

　　李四光把这块弯曲的小砾石视为中国南方亚热带曾经出现冰川或气候变化的地质证据，特意请木匠做了个精致的小木盒，将它存放起来作为科学研究的宝贵标本。他还为此撰写了一篇短文《弯曲的鹅卵石》（*A Bent Pebble*），于1946年5月4日在英国的 *Nature* 杂志上发表。该短文写道，"毫无疑问，这块砾石是在冰川的荷载下，以某种方式变形的"，"变形是由于砾石的一边被固紧，如塞在一个基岩的裂缝中，或者塞在一个满载岩石碎块的冰川中，而另一边受到冰流的前推作用"。

　　1941年7月7日下午，广西大学举行第八届学生毕业典礼暨新舍落成仪式，特邀李四光教授做学术报告，他健步走上了讲台，说道："今天我要讲的是地质构造中关于岩石变形的问题。这个问题，首先要注意岩石力学性质，然后要考虑各种岩石对应力作用的响应。例如岩石的弹性、塑性、弹塑性、滞弹性等，需要进一步结合地质现象做各种岩石力学方面的实验，把各种岩石试样放在不同的条件下进行实验，可以了解各种岩石在不同的压力条件下试样变形、蠕变或破裂的反应。"这时他高兴地从口袋里掏出一个精致的小木盒，取出一块一寸多长、紫红色、中间弯曲成近直角的小砾石，向大家介绍，"请大家看，在这方面，大自然替我们做了很好的实验，这块小砾石就是自然界遗留的珍品。"坐满礼堂的听众顿时骚动起来，目光全部集中到台上。"我搞了这么多年地质，还没见过这么好的标本呢。这块弯曲的砾石是大自然冰川的杰作。在第四纪冰川覆盖的山谷中，一块小砾石非常偶然地插到石缝中，巨大的冰川在以极其缓慢的速度向下滑动时，压力作用于小砾石，使得砾石逐渐发生塑性弯曲，形成那么个马鞍形状。所以，这块标本具有重大的科学意义，它比宝石还要珍贵得多。"听了李四光兴致勃勃的报告，学生们拥上来争先恐后地观看标本，李四光便把小石头放到木盒里递给台下的学生，让大家轮流观看。这块弯曲的砾石现已成为李四光纪念馆（位于中国地质科学院地质力学研究所院内）的镇馆之宝。

可是，从今天的地质学角度来看，李四光先生对这块"弯曲砾石"成因的解释需要与时俱进了。大量的岩石流变学研究表明，由长石与石英组成的岩石只有在300℃以上温度条件下才能发生有效的塑性变形，而在地表冰川的温度下是不可能发生塑性变形的，即使如李四光先生所假说的那样——"一端被紧紧夹在坚硬的石缝里，另一端长期被冰流推压着"，只会发生脆性破裂，而不会发生塑性变形，更不会使长英质岩石弯曲了近90°，却不发生任何破裂。

那么，这块弯曲的砾石是如何形成的呢？有一种可能性是，这块砾石原先处于一个褶皱的转折端，在地下深处高温低应变率的情况（绿片岩相或角闪岩相）下慢慢地弯曲（图1-18），后来岩石抬升至地表。还有可能是，"弯曲"只是一种假象，是岩石发生选择性风化剥蚀造成的凹凸形态（图1-19），许多原先被界定为冰川形成的"马鞍石"与"灯盏石"（压弯石、压痕石）可能都是这种成因。

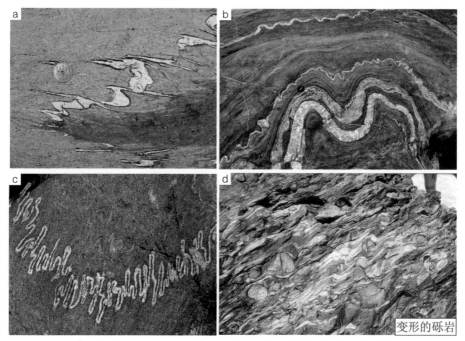

图 1-18 自然中岩石发生塑性变形的褶皱，褶皱转折端部位的岩层（a，b，c）或砾石（d）总是弯曲成马鞍状

图 1-19 由选择性风化剥蚀（a）或磨蚀（b）形成的"马鞍石"

⑨ 沉睡亿年的石头会"说话"

有首歌唱道："有一个美丽的传说，精美的石头会唱歌……"精美的石头会唱歌，沉睡亿年的石头会"说话"。

现代人只能通过化石来了解地球上已经灭绝的动物。但是，今天我们在岩石里所看到的化石的形状并不一定就是这种动物活着时候的样子，古生物研究者都需要注意这一点。

三叶虫（Trilobite）是已经在地球上灭绝的一类节肢动物，从化石的形状看，它的背壳纵分为三部分，因此将其命名为三叶虫。从目前的研究成果看，这种动物在5.6亿年前的寒武纪就已出现，在5.0亿年～4.3亿年前发展到高峰，至2.4亿年前的二叠纪完全灭绝，前后在地球上生存了3.2亿多年。最大的三叶虫长达72厘米，最小的只有2毫米。由于三叶虫的背壳坚硬，所以容易被保存下来，成为化石。许多保存在岩石中的三叶虫化石都遭受过变形作用，主要变形方式是被压扁、拉长、剪切、扭曲等。在成为化石前，三叶虫先被松散沉积物掩埋，这些沉积物往往含有20%～40%的孔隙度，在之后的成岩过程中又要经受压实（体积减小），然后在构造应力作用下发生塑性变形。在这些过程中，化石连同周围的沉积岩不可避免地发生变形（图1-20）。所以，古生物研究中特别要考虑这些变形的因素。

一旦发现某一地层层位中含有丰富的化石，就有人会说该地层所在的位置在那个时候一定温度适宜、食物充足，最适合动物生存、繁殖。可是，它们为什么会突然集体性地死亡呢？是否发生了什么灾难性事件？

请大家欣赏一首吟诵化石的现代诗：

最早的鱼儿怎么没下巴？

最早的鸟儿怎么嘴长牙？

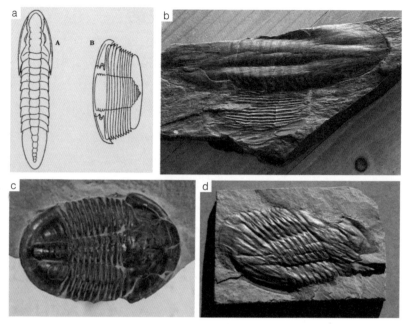

图1-20　三叶虫化石

◇ a中三叶虫A说："有人说我个头细长，营养不良，太瘦。其实，我本来也是三围正常，标准体形，是成岩之后在构造变形作用下沿着中轴被拉长的。"三叶虫B说："朋友劝我减肥，说我肥胖，营养过剩。其实，我本来也是三围适中，标准体形，是成岩之后在构造变形作用下沿着中轴被挤压缩短的。"b中上面那只三叶虫沿着中轴被拉伸，而下面那只被压着的三叶虫沿中轴被挤压缩短。c为没有明显变形或经受过均匀压缩（各向同性缩短）的三叶虫化石。d中三叶虫说："有人说我先天畸形，左肋、右肋相对脊椎似的中轴不对称。其实，我本来是对称的，是成岩后的左旋剪切变形把我强扭成这样的，这哪是我的错，都是岩石变形惹的祸。"

最早登陆的鱼儿怎么没有腿？

最早的树儿怎么不开花？

逝去万载的世界可会重现？

沉睡亿年的石头能否说话？

长眠地下刚苏醒的化石啊，

请向我一一讲述那奇幻的神话。

你把我的思绪引向远古，

描绘出一幅幅生物进化的图画；

你否定了造物主的存在，

冰冷的骸骨把平凡的真理回答。

肉体虽早已腐朽化为乌有，

生之灵火却悄然潜行在地下；

黑色的躯壳裹藏着生命的信息，

为历史留下一串珍贵的密码。

时光在你脸上刻下道道皱纹，

犹如把生命的档案细细描画。

海枯，石烂，日转，星移……

生命的航船从太古不息地向近代进发。

复原的恐龙、猛犸仿佛在引颈长吼，

重现的远古林木多么葱茏、幽雅。

啊，你——令人叹服的大自然，

高明的魔法师，卓越的雕刻家！

逝去万载的世界又重现，

沉睡亿年的石头说了话。

长眠地下刚苏醒的化石啊，

你讲的故事多么令人神往、惊讶！

（选自《科学24小时》1982年第2期）

岩石中有许多变形标志物，地质学家通过它们可以定量地研究岩石所积累的应变量。例如，原先是球形的物体在构造应力作用下变形成椭球体，根据椭球体三条彼此垂直的主轴（$x \geq y \geq z$）的相对长度，地质学家就能估算出该岩石所经受的应变量。

从地质学角度看，所谓的石眼就是浅变质的泥质沉积岩中球形氧化还原斑体、鲕粒、结核等，是成岩过程中的压实作用以及之后的塑性变形作用的综合结果，含铁氧化斑与还原斑一般分别呈红色（氧化铁）与绿色（氢氧化铁），有些结核体的中部有黄铁矿颗粒。石眼在不同的切面上形状也不同，在经受塑性变形的岩石中，石眼绝大多数呈椭球形（图1-21a，b，c），但在某些特殊的方位上（如椭球的圆切面上）却呈圆形（图1-21d）。研究发现，应变椭圆体一般具有如下几种类型：（1）$x=y\gg z$，表明岩石沿着面理的法线方向经受共轴挤压缩短，形成的构造如同千层饼；（2）$x\gg y=z$，表明岩石沿着线理方向（x）经受共轴拉伸，形成的构造如同挂面；（3）$x>y>z$，且$y\approx\sqrt{xz}$，表明岩石经受简单剪切作用。其他介于上述三种端元之间的为过渡或复合应变的类型。

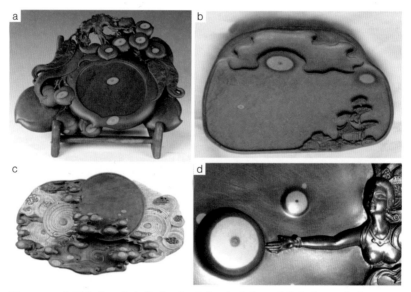

图1-21 中国文房四宝中的"砚"以端砚与苴却砚最为名贵，而长有石眼的端砚与苴却砚则更为难得，其原材料为浅变质的泥岩

岩石中有些石眼极为惊艳（图1-22），可谓美丽的丹凤眼。石眼核心是一颗黄铁矿晶体，两个犄角上向外长出纤维状的石英晶体，石英晶体的长轴方向近乎垂直于黄铁矿的晶面。整个石眼呈现非对称性，它们是岩石塑性剪切旋转的结果，这种变形在变质

泥岩中较为常见。

　　要想定量估算高温高压条件下岩石塑性变形量就有点难了，如图1-23所示，地质学家只能从其晶粒内部的晶格扭曲、亚晶边界（位错壁）以及颗粒边界的形状判定岩石已经发生以位错蠕变为主、晶界迁移动态重结晶为辅的塑性变形。

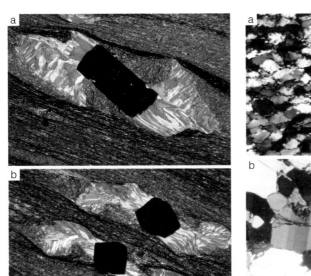

图1-22　变质泥岩中围绕黄铁矿核心生长的石英纤维

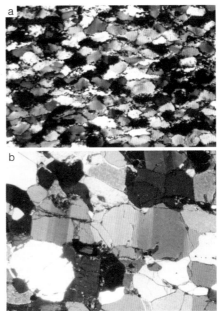

图1-23　地壳中石英岩（a）与上地幔中橄榄岩（b）塑性变形的显微构造特征

⑩　旋转的岩石

　　风火轮，中国神话故事中哪吒的兵器之一，天然岩石之中亦有类似风火轮的构造，如图1-24a，b所示。

　　旋转是宇宙中普遍的物理现象，固态地壳的旋转主要发生在剪切带特别是大型韧性剪切带中。岩石在漫长的地质演变过程中，内中石榴子石在逐渐生长的过程中把正在旋转的周围介质的

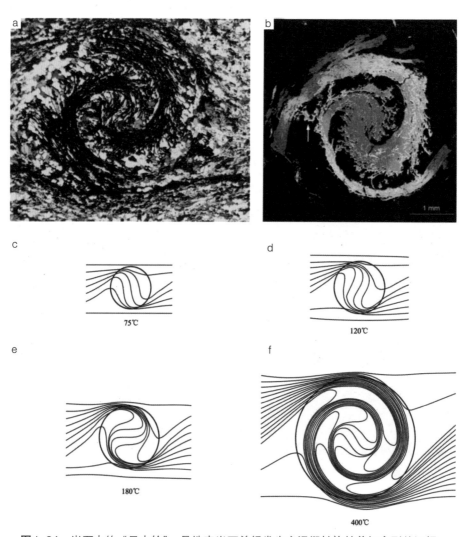

图1-24 岩石中的"风火轮"，是地壳岩石曾经发生高温塑性旋转剪切变形的证据

◇ a 为变质岩中右旋的石榴子石。b 为石榴子石中锰含量
分辨图，从红到蓝锰含量降低，锰含量的变化指示石榴子
石的生长与右旋历史。c，d，e，f 为构造岩中石榴子石变
斑岩的生成与右旋解释图，生长着的石榴子石变斑晶在旋
转长大过程中逐渐裹进周围塑性变形基质的面理。

面理或线理不断裹进体内旋转的过程就这样被真实地记录下来了，那些依次被旋裹进入石榴子石体内和那些尚留在其体外的面理，构成"风火轮"的旋光。因为旋转过程发生在400℃以上高温环境，所以叫它"风火轮"可谓恰当。

岩石中的"风火轮"在构造地质学中叫雪球构造（Snowball）。在地壳的固体岩石中，旋转剪切的平均速度为每百万年4°～5°，例如，喜马拉雅山脉在西藏呈东西走向，而到了滇西北（横断山和云南三江地区）就转成南北向了，这样近90°的旋转用了约2000万年的时间。岩石圈板块的"风火轮"式运动，其"金霞"可以穿透上地壳，产生轰鸣的强烈地震。

上面所说的旋转矿物石榴子石（Garnet），是一组具有立方晶系对称性和正十二面体结晶习性的硅酸盐矿物，因其晶体形态酷似石榴籽而得名。在青铜器时代，石榴子石就因其美丽的颜色与较高的硬度被人类认作宝石。考古学家发现，古埃及人特别喜欢用石榴子石装饰他们的服饰，作为权力与地位的象征。2500年前，古希腊人已经把抛光打磨后的石榴子石晶体镶到手镯上。一直到现在，石榴子石还常被用于装饰手镯及胸针。

石榴子石按其化学成分可分为如下几种：钙铝榴石、铁铝榴石、锰铝榴石、钙铁榴石、钙锰铝榴石等。石榴子石的通用化学式为$X_3Y_2(SiO_4)_3$。石榴子石是研究岩石变质与变形历史的关键性的矿物，因为石榴子石具有热力学的稳定性，能够有效地抵抗成岩后的化学交代或风化蚀变作用，所以能够如实地记录高温变形的历史。

⑪ 造山神不叠被子

造山带里的岩层从小尺度到大尺度都是高低起伏的皱纹，小到显微镜下的尺度，大到整座山，到处都是岩石的褶皱，千姿百

图1-25　岩石褶皱形成美丽的山景：褶皱在水平地表的行迹

图1-26　山顶上的岩层褶皱

◇ a 为加拿大落基山。b 为四川省小金县境内的四姑娘山。

态，复杂多样，连绵起伏，山峰耸立。

　　褶皱是地壳中最常见的地质构造，在有层理的岩石中表现最为显著。褶皱是岩石塑性变形的结果，两个大陆彼此汇聚、碰撞、挤压，那些原先平直的层面在应力挤压下发生弯曲，形成褶皱，使得地壳在水平方向发生了大幅度的缩短。

　　褶皱可分为一级、二级、三级……大褶皱中包含小褶皱，小褶皱中又包含更小的褶皱……在大褶皱的不同部位，小褶皱（又称寄生褶皱）的形态亦不一样，在背斜褶皱的顶部往往出现"M"形褶皱，在向斜褶皱的底部出现"W"形褶皱，在左右两翼各出现"Z"形和"S"形褶皱。寄生褶皱一般出现在软弱层分层中。构造地质学家根据寄生褶皱的位置，判别局域大褶皱的存在。寻找褶皱是石油勘探工作的一项重要任务，因为石油总是出现在背斜褶皱的顶部。原来，几乎所有的高山都是岩石褶皱造成的，造山运动使地壳岩石发生强烈褶皱，褶皱到一定程度会发生断裂，地下的石油就会从裂缝中涌出地面。

　　我国有很多地方叫马鞍山或鞍

山，有趣的是，国外也有不少地方叫马鞍山（Saddle Mountain），也是因为当地有座形似马鞍的山或山丘。

马鞍上部的形态特征是两头高，中间凹，人们将长得像马鞍的山包形象地称为马鞍山。马鞍山是构造地质学上的向斜褶皱。

既然向斜使得岩层向下凹陷会形成山谷，那么背斜使得岩层向上拱凸就会构成山峰，但是在大多数情况下，实际情况恰恰相反——背斜成谷，向斜成峰。原因是，褶皱不是形成于地表，而是形成于地下一定的深度，后来经受长期的剥蚀才抬升到地表。背斜的上表面经受拉张、伸长，形成张破裂，雨水或冰雪渗透其中，逐渐侵蚀，岩石破碎成块成粒，沿着河流搬运到海洋，如此剥

a

b

图1-27　马鞍山

◊ a 为美国马里兰州州际公路I-64公路边向斜褶皱的核部构成的山包，这是写进教科书的典型例子。b 为一位西方画家的素描，真实地反映"向斜成峰"的情况。

蚀越剥越深，最终形成山谷（图1-28）。相反，向斜的核部经受挤压，微破裂关闭，冰雪和雨水不易渗透其中，剥蚀速率就慢，久而久之，相对隔壁的背斜来说反而成为山峰。由向斜轴部构成的山峰于是不可避免就具有了马鞍的形状，这就是马鞍山的成因了。

自从人造卫星上天之后，人们从卫星传回的照片上发现地球表面有的地方出现较大尺度的圆圈构造，直径从几千米到几十千

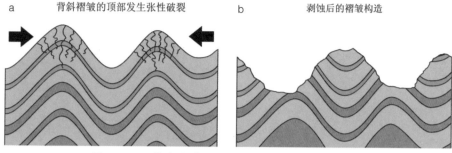

a　背斜褶皱的顶部发生张性破裂　　　b　剥蚀后的褶皱构造

图1-28　马鞍山的成因示意图。背斜成谷，向斜成峰

米。人们把地表这些大型的圆环构造称为地球上仰望太空的"大眼睛"。例如，"撒哈拉大眼睛"（图1-29），地质学上称为理查特（Richat）圆圈构造，位于撒哈拉沙漠西部，直径达50千米，像一只圆圆的大眼睛，日夜仰望着太空。宇航员从太空中能清楚地看到理查特圆圈构造，宇航员在太空中把它作为观察地球的重要地标之一。

　　早先，人们以为理查特圆圈构造是个巨大的陨石坑，但是后来的研究发现它不具有陨石坑应有的地质特征。例如，它不具有内凹边凸的形态及存在假熔岩（Pseudo-tachylyte）与柯石英（Coesite）等高温高压矿物等典型的陨石坑地质证据。理查特圆圈构造也不是火山，因为当地没有火山岩分布。进一步的构造地质研究表明，理查特圆圈构造其实就是一个剥蚀后的沉积岩的穹窿（Dome）构造。穹窿是岩石褶皱构造的一种。对于理查特圆圈构造来说，原先近乎水平的古生代奥陶纪的沉积岩层或同时受

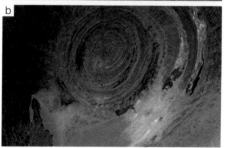

图1-29　"撒哈拉大眼睛"，直径50千米，经假色处理后的卫星照片

到水平方向近乎相等的构造应力挤压，或原先的褶皱在垂直褶皱轴的方向上再挤压褶皱，最后褶皱抬升形成穹窿。经上亿年风化剥蚀，该穹窿逐渐去顶，那些外围呈同心圆圈状分布的空隙少、强度高、极耐风化的石英岩保留下来，构成人们现在所看到的同心圆环（洋葱）构造，岩层向外倾10°～20°。

穹窿构造不一定都是圆的，有的在平面上呈椭圆形。例如，美国怀俄明州西北部的羊背山（Sheep Mountain），是比格霍恩（Bighorn）盆地中发育于沉积岩中一个西北—东南向延伸的背斜。还有美国怀俄明州纳特拉县（Nattrona）的茶壶山穹窿，该穹窿出过石油。

⑫ 地球的"铁石心肠"

地球的主要构成部分是石头，地质学家在造山带的大山深处看到了肠子形状的石头，如图1-18c所示。在常温常压下，岩层是坚硬的，基本不可能发生扭曲这样的塑性变形，但在高温高压条件下，岩石就会发生多种变形。而肠子状石头的年龄，有的有20亿年～30亿年，最年轻的只有几百万年，它们在地下深处形成，现今露出地表，就变得坚硬无比。

其实，图1-18c所示的"铁石心肠"是非常普遍的构造变形现象。本来岩石中含有不同强度的成分层，在构造挤压过程中，软弱岩层与周边岩石一起发生塑性变形，形成一系列极其不规则的褶皱，貌似动物的肠子，构造地质学将其称为肠状褶皱。根据其挤压缩短特征，地质学家可以估算岩石所积累的有限应变量，即地壳的缩短量。如果把那些肠状石头拉直、展开到变形前的直线长度，我们就能看出有些变形前的岩石是变形后的好几倍长。原来巨大的坚硬的山脉被构造应力挤压缩短了如此之多，于是造山带中地壳增厚了，高山形成了。

⑬ 石头亦"断肠"

在构造变形过程中，地壳中互层的不同成分、不同强度的岩石变形程度亦会不同，软岩层拖着硬岩层走，硬岩层跟不上周围软岩层的步伐，就会被拉断或剪断（图1-30）。断开之前的拉伸作用已积累一定量的韧性变形，使岩层发生细颈化（Necking）。拉断的岩层在剖面上就像用线串起来的一节节香肠，或一串项链（图1-30）。所以，地质学家把断肠石称为石香肠、香肠构造或布丁构造（Boudinage）。随着变形量的进一步增加，相邻石香肠节之间的距离逐渐增大，直至分开很远。

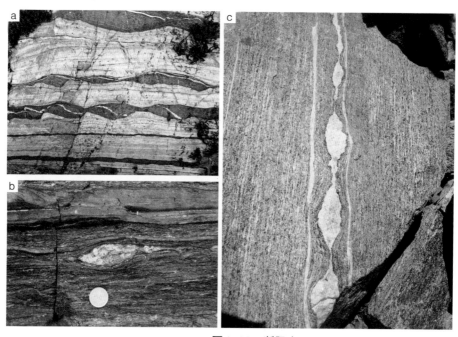

图1-30　断肠岩

◇ a 为左旋剪断的角闪岩（黑色），周围长英质岩石（白色）做塑性流动。b 为云南高黎贡山里被拉断的长英质岩脉（白色），周围是塑性变形的花岗闪长质片麻岩（灰色）。c 为被右旋剪切剪断的一节石香肠（伟晶岩），周围是塑性变形的片麻岩。

通过石香肠的构造，地质学家可以确定岩石的有限应变量、应变类型（共轴或非共轴变形）和剪切旋向等，从而进一步认识造山过程和大地运移的规律。

⑭ 大地运移的轨迹

人走在松软的沙滩上，就会留下脚印，据此可以确定一个人行走的轨迹。

挤压成山，拉张成洋。地球表层的岩石圈分成许多大小不同的地块，地块之间"分久必合，合久必分"，"分"就是相互之间逐渐远离，先拉张形成裂谷，裂谷越来越宽，变为海，再变成洋。当今世界上正在拉张的地方就是大洋中脊，大洋岩石圈在那里彻底拉断，从上地幔软流圈部分熔融产生的玄武岩浆直接喷向海底。大洋中脊一般位于距海平面约2.5千米的深处，但是在冰岛，大西洋大洋中脊直接暴露在海平面以上（图1-31）。有的地块之间彼此汇聚，导致两个地块之间之前的海消失，然后发生碰撞，之后还要继续挤压缩短，形成高山高原。当今世界上最典型的挤压造山的地方是喜马拉雅山脉与青藏高原，印度大陆在4500万年前碰上亚洲大陆之后，还继续向北运移了2000多千米，形成青藏高原。

在漫长的地质史中，每个地块都有各自运移的轨迹，大地运动的"脚印"隐藏在断裂带的构造岩中。构造地质学家就是要根据隐蔽于构造岩中的一系列"脚印"，发现板块运移的轨迹。

大地运移的轨迹就是矿物或岩块的拉伸线理，根据其形成的温度可分为冷线理和热线理。

冷线理又叫擦痕（图1-32），发育于脆性断层面上，是断层两侧地块相互运动的矢量方向，亦是地块相互摩擦的痕迹。在擦痕方向上，低温矿物如方解石、绿泥石、蛇纹石、石英等，结晶

图1-31 冰岛的地壳拉张，岩石经受拉张破裂，逐渐形成裂谷

图1-32 断层面上的擦痕，箭头表示观察者所在地盘的运动方向

生成为纤维状。在含铁岩石的断层面上，摩擦面甚至光滑得像面镜子，光亮照人，这样的断层面叫摩擦镜面。地块运动在断层镜面上总是划出一道道彼此平行的痕迹，就是上面所说的擦痕。构造地质学家通过对断层面与擦痕的系统研究，就可以知道断层运动的旋向、断层的性质、造成断层运动的应力场性质。

热线理是在相对较高的温度下、韧性变形域内形成的线理，它平行于岩石中有限应变椭圆体的长轴方向。例如，原先岩石内部球形颗粒或岩块经塑性变形之后变为椭圆体，该椭圆体有三条彼此垂直的主轴，分别用x，y和z表示，按其长度，长轴为x，中间轴为y，短轴为z。x方向就是岩石内部矿物或岩块的拉伸线理方向（图1-33），即物质运动的方向。在野外考察时，构造地质学家就是要

图1-33 岩石中韧性变形形成的拉伸线理。矿物单个晶体和颗粒集合体（a）或砾石（b，c）等被拉长，构成线理，留下地壳运动的轨迹

测量拉伸线理及其所在面（即面理）的产状（方向与倾角），以确定地质历史中岩石的运动方向。

在大自然中，岩石有时候就像面点师手中的拉面，越拉越长，越拉越细……线理就是一根根长长的"面条"，这样的岩石，我们称为L构造岩。只发育线理（Lineation）而无面理的构造是共轴拉伸形成的。有时候，岩石又像摊的煎饼，只有面理（Foliation）而无线理，这样的岩石构造是共轴挤压形成的。大多数的岩石既发育面理，又发育线理，是简单剪切（Simple Shear）的结果。例如，在中国云南的哀牢山和高黎贡山，矿物或岩块的拉张线理的方向基本平行于山链的整体走向；青藏高原下面上地幔中矿物的拉张线理方向也基本平行于地表山链的走向，说明在世界上许多巨型山链的山根中，物质流动是基本水平进行的。所以，变形岩

石中的矿物或岩块的拉伸线理就是地质历史上地块运移留下来的
"脚印"。

⑮ 震源来客

地震发生时，断层两侧岩石发生剪切错动，弹性波从同震断
裂撕裂面上向外传播，积聚已久的弹性应变能从岩石断层带中释
放。必须指出，天然地震有别于地下人工实验核爆炸引起的震
动，核爆炸的膨胀波是从一个点向外几乎均匀地发射、传播，而
由岩石剪切断裂产生的地震就像撕布或撕纸，地震波源源不断地
从前进的撕裂点向四面八方传播，直到撕裂完全停止为止。地震
波发射时间越长，撕裂带就越长。一个地震所持续的时间与它的
震级高低有关。持续时间30秒左右的地震通常在7.5级左右。时长
1分钟的地震规模更大，但仍不到8级。1989年，美国加利福尼亚
洛马·普雷塔（Loma Prieta）地震持续了15秒，震级6.9级。若震
动长达2分钟，则震级就会超过8级。若震动时间持续到4分钟，
地震就可高达9级。例如，2011年3月11日14时46分（当地时
间）发生于日本东北外海的9.0级（矩震级）地震，震中位于宫城
县首府仙台市以东的太平洋海域。地震引发了最高40.5米海浪的
海啸，并导致严重的火灾和福岛核电站核泄漏事故的发生。

古地震的震源岩石有可能因快速的构造抬升（每年0.2厘米～
1.0厘米）和剥蚀联合作用而出露地表，为地质学家观察、采样、
化验与研究提供便利。

震源岩石是制造地震的工厂，它们具有一个共同特点，那就
是岩石都十分破碎。岩石受到高速摩擦，发生破裂、再破裂，摩
擦、再摩擦，最终被研磨成细粉，有的碎块甚至只有几微米。更
为重要的是，由于岩石的热传导系数不高，高速摩擦使断层岩石
急剧升温，温度甚至达到岩石的熔点，那些含水的、熔点较低的

矿物（如云母、绿泥石等）首先融化，形成熔浆，把那些难熔的碎裂岩粉粘胶在一起，发生黏性的流动，并被构造应力挤进地震形成的脆性张破裂或张–剪性破裂之中。这些由脆性摩擦导致部分熔融，然后快速冷却的断层岩在地质学上称为假熔岩（图1-34），意思是貌似由火山喷发熔浆冷却形成的熔岩，但实际上却是构造断层岩，两者成因截然不同。所以，我们可以把断层岩比作断裂带的"黑匣子"，就如飞机失事后通过找到"黑匣子"恢复飞行记录一样，解读地震发生的经过。

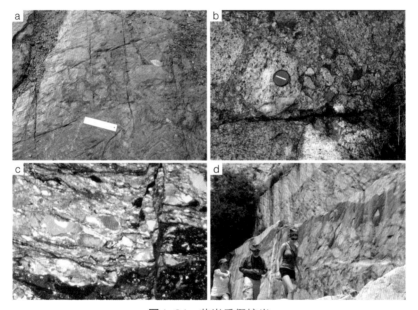

图1-34　花岗质假熔岩

○　a，b 为在花岗片麻岩中形成的碎裂及其假熔岩（黑色部分）。c 为光学显微镜下的地震碎裂岩与假熔岩（非晶质部分）。d 为南非弗里德堡（Vredefort）陨石坑中央穹隆出露的假熔岩，量大得惊人。

假熔岩是断层岩摩擦生热熔化的产物。假熔岩的结构就像花生牛轧糖，难熔的碎裂岩粉或岩块好比其中的花生米，地震时在"糖浆"（熔浆）中翻滚。

假熔岩是来自震源的"客人"，在地表较为罕见，有的人研究了一辈子地质都没有见过假熔岩。也有人将假熔岩称为"地震化石"，以说明假熔岩对大地震的记录。

目前，露出地表并被地质学家所发现的假熔岩几乎全是由震源深度不超过60千米的浅源地震形成的。震源深度60千米～300千米的中源地震和震源深度300千米～720千米的深源地震的震源岩石，尚没有发现。迄今发现的较深地层中的榴辉岩或橄榄岩中的假熔岩，形成深度也不超过60千米。

假熔岩似乎还与地表的形成具有密不可分的关系。断层岩一旦熔化，断层的强度骤然降低，断层运动的速率增加，由摩擦生热而形成的熔浆会迅速挤进由脆性破裂出现的空隙并涂抹断层面，原先在矿物晶格内分散的铁元素也从熔浆中析离出来，迅速冷却结晶成黑色的磁铁矿纳米颗粒或薄膜，使假熔岩化的断层岩的电导率比原岩增加几百到上万倍，起到一个"临时避雷针"的作用。地震时因应力释放或其他原因形成的强大地电就会选择性地通过这一低电阻率的"临时避雷针"，由此产生耀眼的地光，有的甚至如夏天的闪电，划破夜空；有的像滚动的火球，沿地面流窜。科学家发现许多假熔岩的磁化强度比原岩高出几百到几千倍，似乎就是上述解释的有力证据。当然，地光成因的这一解释还需进一步科学论证，先前学界对地光成因的解释还有摩擦生热发光、断裂带因密封层破裂而向地表释放氢气、岩石的压电效应发光等假说。

假熔岩也常见于陨石冲击坑。高速运行的陨石剧烈地撞击着地面，巨大的动能除了使岩石破碎之外，还瞬间产生大量热能，熔化岩石，其中还可能找到超高压矿物，如柯石英或斯石英。斯石英只有在压力超过7.6GPa（1GPa=9869.23大气压）的情况下才能形成，只有陨石冲击地球才能产生如此高压，所以，斯石英常被作为鉴别陨石冲击坑的可靠标志。观看由陨石冲击形成的假熔岩的最佳地方是南非弗里德堡陨石坑中心（图1-34d），该陨石坑位于南非中部约翰内斯堡西南部约96千米处，直径为248千米。之前人们一直将这个坑看作是古老的火山口，后来经过科学家仔细的研究才发现这是个保存得很好的陨石坑，大约形成于20亿年前，是世界上迄今为止发现的最古老的陨石坑。

⑯ 石烂就像剥洋葱

自然界有两种极其重要的地质作用，一种是造山作用，另外一种是毁山作用，前者形成高耸的山脉与山链，后者把高山夷平，两者都是非常缓慢的过程。

山顶和山坡上的岩石，先发生破裂、破碎、整体变大块、大块变小块、小块变砾石、砾石变沙土，最后被流水经过长途搬运，去了海洋，沉积、压实，再形成新的岩石。这个漫长的过程叫风化—剥蚀—搬运—沉积，这个过程不断进行，高山被逐渐夷平，最后仅余山根。

化学成分与力学性质较为均匀的岩石如花岗岩、辉绿岩和某些砂岩中，常见球状风化作用，岩石分化剥离就像剥洋葱，由表及里、层层往里风化剥离脱落（图1-35a，b，c，d），岩石棱角的地方最薄弱、最容易风化剥离而脱落，最后剩下的未受风化的、岩石内部的部分呈球形（图1-35e），形成我们野外见到的岩球，大的重几百吨，小的可以握于手中（石蛋）。

球状风化作用发生之前，会有两组或多组不同定向的节理作用于岩石：张破裂或剪破裂。岩石被这些裂隙切割成块，原先施加在岩面上的应力在垂直于节理面的方向上得以优先释放，即发生卸载，原先闭合的微破裂启张，在垂直于卸载方向的面上形成新的张性破裂，然后雨水、地下水、气体、植物根系以及各种微生物等沿裂隙侵入，结果产生由表及里、层层风化剥离的地质现

图1-35 山体的层剥作用

◇ a，b，c，d 为大山被一层层地剥光，变得赤条条。这里要特别注意卸载张破裂，像房顶上的瓦片一样，一层层叠着。e 为球状分化，石烂就像剥洋葱。

象（图1-35a，b，c，d）。由于裂隙交会处岩块的表面积大，应力释放也快，风化作用的强度和深度也相对较大。就像剥洋葱一样，余下的未被风化（硬块）的中心部分呈球形，越来越小。

澳大利亚"魔鬼大理岩保护区"（Devils Marble）是世界著名的岩球地质公园，其实，保护区内的不是大理岩，而是花岗岩，初始定名的人不了解岩石学，现在的人们将错就错。

即使体积巨大的山体，其剥蚀过程也如剥洋葱一般，美国加利福尼亚州约塞米蒂山（Yosemite）国家公园有一座赤裸裸的"扒光山"（如图1-35a所示），山体被一层层地扒皮，变得赤裸裸。这一层层山体"扒皮"过程在地质学上叫作层剥（Exfoliation）。山抬升得越高，距离地球中心的距离越远，抬升至高处的岩石由于压力减少，必然发生膨胀伸展，形成所谓的卸载张破裂。它们总是平行于地形面，或者说张应力出现在垂直于地形面的方向上，然后雨水、空气、植物根系以及各种微生物等沿着上述的张性破裂侵入，结果产生由表及里、层层风化剥离的地质现象，就像剥洋葱一样，山体逐渐瘦身，表面变得光滑、赤裸裸的。那些卸载张破裂就像房顶上的瓦片一样，一层层叠着。例如，横亘中国中部的秦岭—大别山—苏鲁山脉，是扬子地块与华北地块在2.3亿年前碰撞挤压形成、长约800千米的高山链，它是中国南北地理、气候和动植物的天然分界线。但是现在如果你到江苏省北部东海县，原先的山被彻底地夷平，变成了平整的农田，种上了花生、玉米、山芋。由于大地均衡理论，总共约25千米厚的地球物质已经被剥蚀搬运而去，留下原本不该在地表出现的山根岩石——高级变质岩甚至是超高压变质岩。中国超深钻（5158米深）就位于江苏省东海县。

⑰ 差异性剥蚀与摇摇欲坠的风动石

动物界有弱肉强食、适者生存的法则，对于自然界的石头来说，也有弱亡强存的规律。弱岩，易破易碎，力学稳定性与化学稳定性都差，容易风化剥蚀，被流水或狂风搬运而去，在原地形成负地形。相反，强岩抗风化、抗剥蚀的能力强，容易存留下来，在原地形成正地形。许多地貌景观就是差异性分化—剥蚀的

图1-36　风动石

◇ a 为中国东屏山的风动石。风动石依山临海，气势雄伟，神奇无比，是一道亮丽的风景线。b 为澳大利亚的风动石。巨大的石球，悬空而立，摇摇欲坠，令人心怵；石如蟠桃，底部呈圆弧形，贴石盘处尖端很小，悬空倒立，狂风吹来，摇晃不定。c 为非洲的风动石。d 为以色列的蘑菇石。

结果，如风动石（图1-36）。

　　所谓风动石，就是那些孤立的、坚硬的大石块，往往呈等轴状、悬空而立，摇摇欲坠，看上去很悬、很险，好像整块石头随时都有可能倒下来砸到地面上，观之令人心惊胆战。有时，大风袭来，巨石微微晃动，发出响声，故名为"风动石"。风动石与下伏岩石之间的接触面很小，却摇而不坠，平衡有术。

　　论成因，风动石有原地与异地之分。异地就是从别的地方搬运而来的大石球（块），如冰川搬运来的，地震时山崩滚下来的，洪水冲下来的等。然而，大多数风动石是原地形成的，即通过差异性风化、差异性剥蚀而成。坚硬的、难风化的、不破碎的、裂隙少的岩石留存下来，而压在其下的破裂多的、易碎的、易水溶的岩石被剥蚀搬运而去，随着上下岩层之间的接触面积越来越小，景观就越来越奇特。总有一天，风动石的力学平衡会被破坏，然后轰然倒塌，地震是摧毁风动石的最大杀手。可见风动石的形成主要由岩性与构造两个因素控制。

⑱ 千层薄饼岩

世界上许多自然景观都是由特殊性质的岩石与地质构造形成的，如新西兰的千层薄饼岩（图1-37）。在新西兰南岛的西海岸有座城市叫格雷茅斯，在格雷茅斯的北面有一个叫帕帕罗瓦的国家公园，其中在普纳凯基（Punakaiki）这个地点有一相当特别的自然景观：一层层水平的岩石长得像千层薄饼，一摞摞地叠合在一起，构成独特的地貌。构造节理（破裂）像锋利的钢刀切过千层饼一样，割破层层叠叠的岩石，形成沟壑万状、千奇百怪的地质景观，飞卷的浪花拍打着一沓沓千层薄饼岩，影印着一望无际蔚蓝色的海面。游客无不惊叹大自然的鬼斧神工，将之称为千层薄饼岩。

千层薄饼岩其实是一种产状水平的、薄层状的石灰岩与泥岩或页岩互层的沉积岩。软

图1-37　新西兰帕帕罗瓦国家公园内的千层薄饼岩

弱、孔隙度大、质地疏松、易破易碎的泥页岩在外动力（如海浪、风、雨水等）长期作用下，被逐渐剥蚀而去，形成负突起的凹槽，而相对坚硬的、致密的石灰岩则具有更强的抗风化、抗剥蚀的能力，构成正突起的凸脊。在垂直剖面上看，从下到上，凸起的石灰岩和凹进的泥页岩层层相间。大自然就像勤劳的精雕细琢的艺术家，岩石在其手中展现奇迹。

通过显微镜观察，石灰岩中含有大量的海洋生物骨骼。新西兰的千层薄饼岩的形成时代是3500万年前的第三纪，那时候海水动荡不安，海平面因为气候变化而经常改变，海水深度与温度一度适宜钙藻、鲕粒以及贝壳类等海洋生物生长发育，后来因为附近陆地上阿尔卑斯断层走滑断裂带活动造成地震，地震引发的泥石流或大洪水等从附近大陆冲来一层泥土，活埋了海洋生物。掩埋在下面的海洋生物骨骼就形成石灰岩，泥土层后经压实形成泥页岩。又过了一段时间，海水的深度与温度又适合钙藻、鲕粒及贝壳类等海洋生物生长发育，之后又再次被从陆地上冲下来的泥土掩埋……上述过程多次反复，形成了一套岩系，又经过构造抬升、节理破坏、海浪拍打、风雨侵蚀，终于露出峥嵘。

⑲ 大瀑布的成因

瀑布特别是大瀑布是游客特别喜爱的自然景观。凡是到过美国与加拿大之间的尼亚加拉大瀑布、巴西的伊瓜苏大瀑布、赞比亚与津巴布韦之间的维多利亚大瀑布以及中国的黄果树瀑布、雅鲁藏布江大峡谷瀑布、黄河壶口瀑布的人，无不惊叹大自然的鬼斧神工！

形成大瀑布主要有三个条件：第一，河床突遇悬崖陡壁，河流可以垂直或近乎垂直地倾泻而下；第二，水流的落差要大，这又与组成河床基底的岩石的化学成分、力学性质、软硬程度有关；第三，河流流量要大，河道要宽，最好是长年不断流，这样瀑布才能壮观且具可持续性。

在地质构造活动强烈的地区（如四川龙门山），每一次强震之后，逆冲或正断层都会形成地震陡坎，若河流正好横穿断层，每次地震都会造成断层上下盘坚硬岩石的垂直断距，多则5米～6米，少则1米～2米，很多次地震积累起来，就会形成足够落差的瀑布。地震会造成山体塌方滑坡，塌下来的岩块与泥土堵塞山谷中的河道，形成堰塞湖。若堰塞坝没有溃决，也会形成瀑布。

地震时逆冲断层传播到地表，在沉积松散的河床上形成陡坎，由于龙门山地区的地势梯度大，水流急，水流对河床的侵蚀冲刷作用非常强烈，要不了多长时间，陡坎两侧泥沙就持平了，瀑布随之消失。若逆断层在坚硬岩石（如花岗岩、长英质片麻岩）中发生，就会形成落差较大且时间长久的瀑布，这类瀑布称为断裂型瀑布。例如，九寨沟的诺日朗瀑布就是断层陡坎跌水形成的。

然而，世界上绝大多数大瀑布并非出现在地质构造活动强烈的地区，而是出现在稳定的地台区，那里沉积岩层的产状近乎水平，强岩（白云岩和致密石灰岩）与弱岩（页岩和泥岩）相间互层。例如，世界著名的尼亚加拉大瀑布就是处于稳定的加拿大地盾区，4.1亿年～4.4亿年前形成的古生代志留纪的沉积岩从未发生过褶皱，一层层地平躺着、软硬相间地叠合在一起，由于两种不同岩石具有不同的力学强度，其抗流水侵蚀的能力就不同，导致坚硬的岩石形成陡坎，软弱岩石则被侵蚀成低谷，进而使水流产生落差而构成瀑布，这类瀑布被称为岩坎型瀑布。

尼亚加拉大瀑布位于尼亚加拉河上，河中的高特岛把瀑布分隔成两部分：较大的部分是霍斯舒瀑布（图1-38c，d），靠近加拿大一侧，高56米，宽约670米；较小的为亚美利加瀑布，靠近美国一侧，高58米，宽320米。所以，尼亚加拉大瀑布最壮观的景象必须从加拿大这边看。每年严冬季节，尼亚加拉大瀑布流水变冰凌，跌水潭变成溜冰场，场面相当壮观。

最初控制初始悬崖发育的往往是垂直定向的岩石破裂，即节理。河流在坚硬的白云岩或石灰岩上流动，在张节理密集处沿着破裂流进白云岩层之下的页岩，由于页岩力学强度低，破碎程度高，易于被流水侵蚀、剥落、冲刷、切割、溶蚀、搬运，随着时间推移，瀑布之下的陡坎越来越深，只要不再遇到另外一层坚硬

图 1-38　大瀑布

◇ a 为伊瓜苏大瀑布，位于巴西与阿根廷两国边界，因水流来自伊瓜苏河而得名。宽阔的大河奔流到此地，遭遇到落差巨大的 U 形峡谷，便顺势而下，形成一片景象壮观的半圆形瀑布群。伊瓜苏瀑布群共有大小瀑布 270 余条，平均落差为 80 多米，总宽度最高时达到 4000 余米。b 为维多利亚大瀑布，位于非洲赞比西河的中游，赞比亚与津巴布韦两国之间，是世界三大瀑布之一。该瀑布宽约 1700 米，高约 128 米。当地人称它为莫西奥图尼亚（Mosi-oa Tunya），意为 "像雷霆般轰轰作响的烟雾"。c 为位于美国与加拿大边境的尼亚加拉大瀑布的冬景图。d 为尼亚加拉大瀑布后撤历史图，瀑布沿的马蹄形越来越明显。

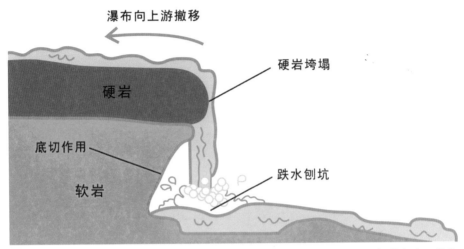

图 1-39   瀑布的成因示意图。蓝色表示水流，紫色表示坚硬的白云岩，橙黄色表示软的页岩

的白云岩或石灰岩，瀑布的高速跌水就会持续冲蚀软弱易脆的页岩，形成巨深的悬崖陡壁（图 1-39）。这是一个"正消长"的过程，即悬崖越高，飞流直下的瀑布的冲刷能力越强，在瀑布之下页岩中冲出的坑（又称瀑布潭与下游河道）就越深。

重要的是，从瀑布陡壁高速跌落的水还会再溅起来，不断斜击着、侵蚀着强岩（白云岩或石灰岩）之下、瀑布水帘之后的软岩（页岩或泥岩），逐渐把瀑布沿后面、强岩层之下的页岩掏空。只要掏空到一定程度，悬空的强岩在水流的冲击下就会沿着节理破裂垮塌下来，跌进瀑布潭，摔成碎块。这些棱角锋利的强岩碎块在流水冲击下又变成"刨坑的工具"，把瀑布下游的河道继续往深里挖。如此这般，瀑布就会逐年向上游迁移。例如，在 1842 年至 1905 年期间，尼亚加拉大瀑布平均每年要向上游方向后移 1.7 米（图 1-38d）。后来，美加两国政府为了保护尼亚加拉大瀑布，曾耗巨资修建了一些控制工程，使瀑布对岩石的侵蚀有所减小，使得后来尼亚加拉大瀑布每年只向上游迁移约 1 米。现在的瀑布呈马蹄形（图 1-38c）。设想未来有一天，尼亚加拉大瀑布向上游退移到没有坚硬白云岩而只有页岩的地方，这个大瀑布也将随之消失。

由此看来，对于某个给定的大瀑布，我们可以通过测量坚硬岩石在上游河床的长度和瀑布的后撤速度，估算出瀑布的寿命。

中国贵州黄果树瀑布后面隐藏着一个134米深的水帘洞，洞内有6个洞窗、5个洞厅和3个洞泉，游客可以穿行于洞中，可从洞窗观看洞外飞流直下的瀑布。这个巨大的水帘洞就是由陡壁上高速跌落的瀑布水溅起后斜击强岩之下的软岩而刨蚀出来的。

⑳ 暴雨流冲刷：山坡壶穴的成因

暴雨是常见的气象现象，雨水顺着山坡迅速汇聚，形成湍急洪流，冲携山坡上的石块与沙砾，对石坡上原先小幅度的洼凹之地或薄弱部位进行磨蚀与溶蚀，上述地质过程不断重复，逐渐形成山坡壶穴。澳大利亚中部大红山上的山坡壶穴就是暴雨流壶穴的典型例子。中国北京西山地区的山坡壶穴被有些人误认为"京西古道上骡、马、驴的蹄窝"，这样解释的前提条件是在数百年间数以万计的骡、马、驴不断地踩进同一处且不断加深的石头蹄窝。动物行为学研究表明，马之类的动物在行走过程中会本能地躲避踩进较深（≥5厘米～10厘米）的洼坑或水坑，以防扭伤蹄腕或折断腿骨。世界上著名的铺石古道上只见车辙痕不见马蹄坑，亦是有力的证明。

在澳大利亚中部是一片广袤的荒漠，荒漠里有座长3.2千米、宽2千米、高348米（海拔867米）红色的山，名叫艾尔斯岩，又称大红山，当地的原住民称之为乌卢鲁岩（Uluru Rock），Uluru的意思是"相聚集会的地方"，可见当地人把其当作重要的自然地标（图1-40）。据说艾尔斯岩这个名字是一位地质勘探的技术员于1873年7月19日起的，他的名字叫威廉·C. 高斯（William C. Gosse）。那天，他横跨这片荒漠进行地质考察，于又饥又渴之际发现眼前这

图1-40　澳大利亚中部大红山的全景图

◇ a为俯视图。b为侧视图。

座红黄色的山，就像在一望无际的平原上摆着一块孤立而巨大的石头，开始他以为是幻觉，难以置信。这位地质勘探技术员的家住在南澳大利亚州，于是就用南澳大利亚州州长亨利·艾尔斯（Henry Ayers）的名字命名了这座岛山（Island Mountain）。

　　大红山位于澳大利亚内陆城镇——北方领地三大主要城镇之一的艾丽斯斯普林斯（Alice Springs）西南方向约450千米处，地理坐标：25°20′42″S，131°2′9.96″E，号称"世界七大奇景"之一，被联合国教科文组织确定为世界自然和文化保护遗产，美国《国家地理杂志》还将其列入全球"人一生必去的51个著名旅游目的地"。大红山每年吸引着约40万来自全世界各地的游客前来旅游观光。

　　大红山出露的岩石主要是杂砂岩，内含长石（约50%，主要是钾长石，斜长石很少）、石英（25%～35%）以及玄武岩的砾石

（约25%），其中玄武岩的砾石已经部分蚀变成绿泥石与绿帘石集合体。杂砂岩在古生代4亿年～3亿年期间经受造山运动，岩层遭受构造挤压变形，形成区域性的褶皱，造成大红山的岩层向西南倾，倾角达85°。因为当地气候炎热（夏季的平均温度为37.8℃，最高温度甚至达到过46℃），岩石中的铁几乎全部转变成三价的氧化铁，山体的颜色随着太阳照射角度和天气的改变而变化。当太阳从荒漠的边际冉冉升起时，山体呈浅红色；到中午，则呈橙色；当夕阳西下时，山体则姹紫嫣红，在蔚蓝色的天空下犹如熊熊的火焰在燃烧；至夜幕缓缓降临时，它又呈神秘的黄褐色，令人称奇。

大红山赤身裸体，山顶与山坡上没有土壤与植被，光秃秃的石坡上发育大小不同、形状多样、深度各异的壶穴（图1-41），但是它们有个共同的特点，就是内壁都比较光滑，底部常常有不同磨圆度的砾石和粗砂粒。每当下暴雨（常常在夏季），大红山上形成无数条细长的瀑布（图1-42），雨水顺坡汇聚，形成激流，冲携山坡上的石块与沙砾，对原先小幅度洼凹之地，主要是节理与层理交界处或玄武岩砾石经风化蚀变形成的薄弱部位的岩石进行反复的磨蚀，形成一系列形态各异、大小与深浅不一的洞穴，即地质学上所说的冲刷坑或壶穴。这些山坡壶穴是无数次暴雨流反复冲刷的综合结果。除了本节开头所述的冲刷磨蚀作用以外，顺坡的高速水流还会推动石子猛烈地撞击石面，使岩石内的破裂张开，水被压进岩石裂隙内部，细沙子也被挤进裂隙。水中携带的气泡撞进岩石裂隙内部还会产生爆破，产生新的微破裂。随之，从石头上裂解出来的颗粒或岩屑被流水冲走。雨停之后，积水还会对山坡壶穴的内壁与底部产生溶蚀作用，使得空隙度相对较高的砂岩中的钙质胶结成分发生溶解；水与砂岩中的长石颗粒或玄武岩砾石发生化学反应，生成力学强度很低的低温蚀变产物，被下一次雨水冲刷而去。上述地质过程，年复一年地反复进行，逐渐形成人们观察到的大红山的山坡壶穴。

图1-41　澳大利亚大红山上的山坡壶穴，即暴雨流冲刷坑

图1-42　澳大利亚大红山的暴雨景象图。雨水顺坡流下，进一步冲刷与磨蚀着已形成的山坡壶穴

㉑ 是山坡壶穴还是蹄窝

　　暴雨流成因的山坡壶穴在基岩裸露、光秃秃的山上尤其常见。例如，在美国加利福尼亚州的东南部、犹他州、内华达州、亚利桑那州的山上，这类暴雨流成因的壶穴比比皆是。

　　典型的暴雨流成因的壶穴可见于北京西山的峰口鞍（115°59′57.12″E，39°55′32.88″N）、牛角岭（116°57′49.68″E，39°57′49.68″N）和石佛岭（116°0′27″E，39°58′28.92″N）等处的基岩路面上。其中峰口鞍的侏罗系粉砂岩山坡路面上有暴雨流壶穴120多个，最大直径达30厘米，深度达33厘米，壶穴之间的距离无规律性。牛角岭有410多个大小不等的暴雨流壶穴，分布不均匀，间距变化很大（图1-43），基岩为钙质或泥质胶结的粉砂岩或含砾砂岩。石佛岭的暴雨流壶穴目前发现的只有几十个，由于基岩为相对致密、孔隙度小的奥陶纪石灰岩，暴雨流壶穴普遍较浅（<6厘米）。

　　可惜，北京西山的暴雨流壶穴被误认为骡、马、驴的蹄窝，并把"蹄窝"围起来开发成京西古道的旅游景区。

　　经实地考察发现，北京西山的暴雨流壶穴具有如下特点：

　　其一，无论壶穴大小与形态，以及内中有水无水，但皆有岩砾、砂粒（图1-43a～c），正是暴雨流冲击这些岩砾与砂粒不断研磨着坑内的石面，久而久之形成山坡壶穴。

　　其二，雨后坑内积水，水-岩发生化学反应，使孔隙度较高的沉积岩发生风化蚀变（呈红黄色，图1-43a，b），岩石发生软化，使其更容易被研磨刻蚀，形成洼坑。

　　其三，北京西山的石坡上有许多比骆驼、驴或马的蹄小很多的冲刷坑，其直径还不到硬币大小，这些凹坑不可能是骆驼、骡、马、驴的蹄子踩出来的（图1-43d）。

　　其四，冲刷坑主要沿暴雨流容易集中的低洼沟槽部位分布

图1-43 北京西山（王平镇韭菜园村）牛角岭的山坡壶穴，由无数次暴雨流反复冲刷而成，却被人误认为京西古道上骡、马、驴的蹄窝

（图 1-43a），冲刷坑具非对称性，即进水处缓、出水处陡，指示水流方向自上而下，这是暴雨流壶穴的普遍特征。若是蹄窝，马帮有去有回，双向行走，骡、马踩出来的就不会有这样的非对称性。

其五，还有的壶穴具有明显涡旋形状。受地势影响，流水从一侧进入冲刷坑，涡流裹挟着沙砾研磨坑壁，逐渐形成涡旋形状的壶穴，这样的坑是骡、马、驴踩不出来的。

其六，冲刷坑内只见横向圆圈刻痕，却不见纵向刻痕。横向圆圈刻痕是流水冲击岩砾刻画沉积岩而成。若是由马踩驴踢，纵向刻痕必不可少。

其七，许多凹坑出现在陡坡上（图 1-43e）或紧贴山岩陡壁的地方，那些地方明显是骡、马、驴不可能常去的地方。

其八，没有任何凹坑具马蹄形状（图 1-43）。暴雨流冲刷形成的山坡壶穴的形状受岩石层理与多组构造节理定向的控制，形状多变，可以呈菱形、三角形、哑铃形等。事实上，冲刷坑起源之地总是出现在岩石层面与两组共轭或多组节理交会处，那里是薄弱地段，容易形成初始的洼坑，然后岩砾与砂粒被暴雨流水冲入，进行磨蚀，坑越来越大，坑壁越来越光滑。

其九，凹坑的深度与基岩路面的坡度成正比，即地形较陡的地方，壶穴普遍较深（最深者约 33 厘米）；坡度较缓的路段，则壶穴较浅，一般为 1 厘米～10 厘米。这种现象正好说明北京西山的凹坑是暴雨流冲刷而成的，因为下暴雨时，水流的速度随地面坡度增加而增加。水流急，砾石与砂粒对山坡壶穴的底部与穴壁磨蚀就快。

有人提出，北京西山基岩路面那些形态各异、深达 30 多厘米的凹坑是打了铁掌的骡、马、驴日复一日、年复一年地踩出来的。结合对旧时京城人口、用煤量、畜力成本等的考证，当时京城多用骆驼运煤，大家知道，骆驼蹄子是肉掌，无法往上打铁掌。为了防止骆驼磨破肉掌，人们给它们的蹄子套上了特制的

"皮布娃"（皮鞋），这也与铁掌在坚硬岩石上踩出蹄窝假说相悖。

元朝的熊梦祥在《析津志》中记录说："城中内外经济之人（商家），每至九月间买牛装车，往西山窑头载取煤炭，往来于此。""冬月，则冰坚水固，车牛直抵窑前；及春则冰解，浑河水泛则难行矣。往年官设抽税，日发煤数百（车），往来如织。"（首都图书馆善本组，《析津志辑佚》，北京古籍出版社1983年版）当时的析津府即现在的北京。上述记载似乎反映出元朝时北京主要用牛车运煤。此外，北京的用煤也并不是全部来源于西山。清朝的漕运非常发达，从山东或唐山沿水路用船往北京运煤也是常有的事。乾隆、嘉庆年间，"商贾辐辏，炭窑时有增置。而漕运数千艘，连樯北上，载煤动数百万石，由是矿业大兴"（邱仲麟，2016）。道光三十年（1850），华长卿（1805—1881）有诗为证："秋熟丰年稼，如云颂大田。羊牛来夕矣，妇稚乐欣然。远景绿千里，晚霞红半天。琉璃河畔水，乱泊载煤船。"光绪十三年（1887）闰四月，史梦兰（1813—1898）自唐山河头登舟西行，赴定州访王灏，途中作《东西淀舟行杂咏》："新河潮汐接芦台，早晚煤船次第开。不是家家养乌鬼，纷然指道黑猪来。"诗注表明"煤船为黑猪"。据《房山县志（民国）》，1909年，房山到青水港74千米长的运煤索道建成，一年最多运煤18万吨。京汉铁路于1906年以及西直门到门头沟的铁路于1909年建成通车，从此用火车向北京运煤，效率大增。

持蹄窝说的人认为，北京西山的这些凹坑位于基岩路面上，高出永定河河道40米～230米，"京西古道不受河水冲蚀"，"河水根本不可能经过（西山）峰口鞍、牛角岭和石佛岭三个（准）垭口位置，这些位置不存在河流的冲刷作用，也不存在长时间大量雨水的冲刷作用。流水冲刷形成壶穴的条件在京西古道上根本不存在"。他们认为，在降雨量较小的北京地区，壶穴只有在永定河与大石河的河道上才能形成（例如，延庆县大庄科乡的白龙潭就是河道上流水冲刷出来的壶穴），并强调，"壶穴是光滑的圆形、碗状或圆柱形的凹坑（通常情况下这些坑的深度大于直径），是由涡流或水流携带石头或粗沉积物研磨基岩河床形成的，在强急流或瀑布下方容易形成"。

从澳大利亚艾尔斯岩的实例分析来看，上述的认识明显是不全面的，暴雨形成的水流照样可以在基岩山坡上形成壶穴。同理，过去人们以为是第四纪冰川或差异性溶蚀作用形成的山脊壶穴，成因也可能是暴雨流。不要以为壶穴必须是在水很深的河道里才能形成，而忽略暴雨流对山坡的冲刷与所携带岩块对基岩的磨蚀与溶蚀作用。有的人从"壶穴"的"壶"字联想到茶壶或水壶的形状，以为任何地方的壶穴都必须具有"口小、肚大、底平"的特点。其实不然，壶穴在不同环境形成的形态具有多样性，而且壶穴发展有个过程，开始是浅盘子，然后是深盘子、碗、桶的形状。壶穴的直径向下能否变大，主要取决于向下的岩性是更软还是更硬。若有软岩，则变大。

持蹄窝说的人刻意强调："京西地区的气候属于典型的大陆性季风气候，年平均降水量仅数百毫米。北京西山处于常年干旱的北方，位于山脊上的牛角岭根本不具备形成壶穴的河流条件，所以，山坡上的洼坑肯定就是骡、马、驴的'蹄窝'。"可见，是错以为壶穴只有在河床上才能形成。图1-44表示1949年以来北京地区年降雨量的情况，平均值为601.2毫米/年，最大值达1406毫米/年（温克刚，谢璞，《中国气象灾害大典：北京卷》，2005）。澳大利亚艾尔斯岩地区的年平均降雨量仅为307.7毫米，比北京地区少近一半。尽管如此，在成千上万年的岁月里，一场又一场的暴雨还是在艾尔斯岩光滑的山坡上迅速汇聚，顺坡冲刷，形成一系列壶穴（图1-42c）。

大凡对气象知识有所了解的人都知道，中国的大暴雨常发生在北方而不是南方，原因是：印度洋蒸腾出的水汽，被夏季季风

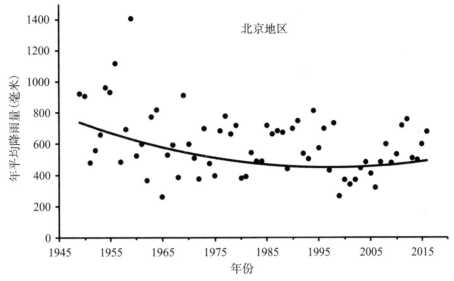

图 1-44　1949 年以来北京地区年降雨量的情况。平均值为 601.2 毫米/年，最大值达 1406 毫米/年

从孟加拉湾或南海方向，带入中国大陆。湿润的季风一旦在中国北方碰到强劲的冷空气，就会在短时间形成大量降水，就好像一双有力的手拧湿毛巾一样。这就是为什么我们在中国的夏季云图上经常看到西南—东北走向的白色的云雨线上，有几个凝结的"云团"，它们是冷暖空气纠结的中心，也是暴雨的母巢，它们常位于中国的北方。史书上有关北京西山地区暴雨成灾的记录比比皆是。所以，拿华北的年平均降雨量否定北京西山的暴雨冲刷能力以及山坡壶穴的暴雨流成因是不可行的。

　　在天然的坚硬岩石上踩出深达 30 毫米～35 毫米的蹄窝的必要条件是：数以万计的骡、马、驴在几百年间总按着固定的位置点反复不断地踩。然而，这是不可能的。大凡骑过马的人都知道，马儿专拣松软的草地或土上走（赛马场上都是用泥巴铺道给马跑的），不喜欢走在坚硬的石头上，特别会躲避路面上的凹坑。有关马行为与心理学的研究书籍写道：马最惧怕踩进较深（≥5 厘米～

10厘米）的洼坑或水坑，特别是比蹄子大不了多少的坑（直径15厘米～20厘米），以防扭伤蹄腕或折断腿骨（If a horse stepped into a deep enough pothole or "gulche" there was the possibility that the animal could be crippled. A broken ankle or leg was often fatal for a horse）。加拿大1937年的报纸（*The St. John's Evening Telegram*）就曾专门讨论过这个问题，那时候马还是乡村人主要的交通与运输工具，马不小心踩进洼坑，造成马伤与人伤的事故时有发生。

一切动物都有保护自己免受环境伤害的意识与行为，马惧怕踩进坑里，也是由马的身体结构决定的。马是自然界中被捕食的动物，它的两只眼睛长在头的两侧，看东西立体感很差，虽然其视野可以达到330°，但马的两眼视线重叠的部分只有30°。相反，那些捕食动物，例如老虎与人，两只眼睛都长在前面，两只眼睛的视野彼此重叠，可帮助大脑判断物体的远近，为目标的准确定位带来很大的帮助。而骡、马、驴这类动物几乎只用一只眼睛看事物，而不是同时使用双眼来看同一件事物。因此，有时候骑马的人会发现马在行进过程中，会被同一事物惊吓两次，因为它的另一只眼睛是第一次看见了那件事物。所以，持蹄窝论的人，想象骡、马、驴长年不断往10厘米～35厘米深、还经常灌满浑水的狭坑里踩，有些一厢情愿了。本人曾提议牵几匹马到北京西山王平镇韭菜园村的牛角岭的山坡上做个试验，看马是否愿意踩进10厘米～35厘米深、注满浑水的凹坑，可惜没有成行。

本人也曾尝试寻找磨坊里石头地面上的"蹄窝"，因为驴拉着磨，沿着磨道、围绕着磨轴不断地转圈。日复一日，年复一年，磨道单位面积上的总蹄踩量应该不低于任何朝代京西古道单位面积上的总蹄踩量，最有可能被踩出深深的蹄窝来。可惜，并没有发现任何一间磨坊里的石头地面上出现北京西山那样的"蹄窝"。

蹄窝论者还用河北省井陉县境内秦皇古道东天门关与北京西南

图1-45　意大利古城庞贝（a，b）与罗马的古车辙痕，并无拉车骡、马的蹄坑

卢沟桥石板上的车辙痕的照片，作为北京西山石坡上零星分布的凹坑是骡、马、驴蹄坑而非山坡壶穴的证据。但是，蹄窝论者不能回答的关键问题是：古道上为什么没有留下拉车的骡、马的蹄坑？钢铁浇铸的车轮或包了铁皮的车轮几百年在古道石头路面上不断地进行机械研磨，当然可以留下沟槽，而骡、马、驴的蹄子施加于路面石头的压强则比载重车的圆车轮施加的压强小得多。更重要的是，千骡万马不可能来来往往总踩于同一点，它们的蹄点在行车路面上形成车辙的时间尺度（几十年、几百年）里几乎是均匀分布的，这就是有车辙沟痕的古道上却没有出现蹄坑的原因。

综上所述，结论是不难得出的。可以说，京西古道、茶马古道、连接湖南与广东二省的湘粤古道上被毫无根据地说成蹄窝的凹坑皆是暴雨流形成的山坡壶穴。

㉒ 地球的瑰宝：金刚石

最贵重的石头莫过于金刚石，俗称钻石。构成钻石即金刚石的唯一的化学成分是碳。碳是地球上最不缺少的元素之一。然而，钻石之所以稀少，是因为它是元素碳在地球深部（至少150千米～200千米）高压条件（4.5GPa～6.0GPa）下形成的单晶体，属于立方晶系。

1649年，意大利佛罗伦萨科学院的一位院士把红宝石与金刚石置于同一个容器中放火烧，到了白炽化时，红宝石毫无变化，而金刚石却消失了。1779年，又有一位意大利科学家把太阳光用凸透镜聚焦到金刚石上，不一会儿，金刚石化作一缕黑烟升天。当时的科学家解释不了这样的现象。又过了28年，英国的一位科学家将一颗纯净的、已知重量的金刚石放在一个充满氧气的金质密封筒中，任其充分燃烧完毕，得到了二氧化碳气体。据此，他断定："金刚石是由碳组成的，只不过这种碳比煤炭（或石墨）要纯净得多。"后来，西欧的科学家在实验室里通过改变温度与压力条件，成功地把石墨转变成金刚石或把金刚石转变为石墨，从此真相大白，石墨与金刚石是碳元素的同素异形体。

金刚石主要产自金伯利岩中。金伯利岩是深部上地幔的岩浆从管状通道快速喷发到地表，然后快速冷却形成的弱碱性超基性火山岩，因最先发现于非洲的金伯利而得名。金伯利岩的主要组成矿物是橄榄岩、铬透辉石和金云母，外表呈斑状、角砾状，故又称角砾云母橄榄岩，多呈黑色、墨绿色、深灰色，以绿色居多。金刚石形成于上地幔，然后被金伯利岩岩浆从上地幔带至地表。在地表的温度与压力条件下，金刚石处于热力学不稳定的状态，通常称之为亚稳态，也就是说，只要时间足够长，金刚石在常温常压条件下最终会转变成石墨。但是，在常温常压与干燥的条件下，金刚石转变为石墨的速率实在是太慢了，或许需要上亿年才能完成，对于寿命难过百岁的人类来说，称得上是永久了。

钻石是唯一集最高硬度、强折射率和高色散率于一体的矿物，其工业用途主要是制造地质钻头与材料切割、研磨工具。然而迄今为止，钻石的最大用途依然是制造饰品，因为其硬度、折射率和色散率等综合指标是其他任何宝石品种，例如蓝宝石、翡翠、和田玉等不可比拟的。

第二章

地震与岩石
断裂

① 猝不及防的灾难

2008年5月12日14时28分04秒，四川省阿坝藏族羌族自治州汶川县映秀镇附近，断裂带上的地应力悄然聚集到了极限，酿成一场地底能量的大释放，这就是震惊世界的5·12汶川地震。

汶川地震是位于青藏高原北部的松潘—甘孜地块沿龙门山中央断裂和前山断裂向四川盆地强烈推覆斜冲造成的。龙门山是青藏高原东缘边界山脉，横亘于青藏高原和四川盆地之间。如果由成都平原西行，接近邛崃—都江堰—彭州—什邡—绵竹一线时，会看到西边巍峨挺拔的龙门山，甚为壮观。在这次地震之前，人们对龙门山断裂带知之甚少。其实，汶川地震不过是龙门山断裂带中不断重复而又猝不及防的地质灾难中的一场，再一次影响着青藏高原东缘地区的生态环境。

龙门山地下岩石在痛苦地支撑着由地壳运动产生的强大的地应力，弹性应变能越积越多，直到震源体处的岩石难以支撑，突然崩溃，震源深度以上所有岩层瞬时破裂，释放巨大的能量，其中约90%的能量耗散于岩石破裂、碎裂、摩擦、升温（形成一种由极细的岩石碎屑和熔浆混合而成的假熔岩）等，另外10%左右的能量以地震波的形式迅速传遍半个亚洲。

② 微观震中与宏观震中

震源位于活动断层上，是岩石在应力作用下最先开始发生破裂的地方，因此也是地震波传播的起始点。震中是震源垂直在地面上的点，亦可以说震中是地震破裂最先到达地表的地方，震中

图2-1 汶川县漩口镇蔡家杠村莲花芯山上（宏观震中）坚硬的花岗岩和花岗闪长岩在地震时发生强烈的瞬时脆裂，形成干碎石流

及其周围地区往往是地面破坏最大的地方。震中周围几百到几千千米范围内的地震仪都能记录到纵波（P波）和横波（S波）到达的时间（国际时间），再通过每种波在岩石中传播的速度就可计算出该地震台到震源的距离。根据两个或两个以上的地震台站的数据就能确定震中位置。用这种方法确定的震中称为仪器震中或微观震中，现代地震震中都是微观震中，通常以经度和纬度标注。

地震后根据实地调查确定的地震破坏最严重的地区叫极震区，极震区的几何中心叫宏观震中。文献上提到的历史地震的震中一般指宏观震中，因为古时候还没有精密的地震仪。那些古地震的震中是地震地质学家后来调查极震区时考证出来的。至于何谓"破坏最严重"，其标志则视具体情况而定，有的以房屋破坏程度来定，有的则以地表断裂错动的大小来定。

对于地震而言，微观震中和宏观震中往往不一致，微观震中只有一个，它是根据首先到达地震仪的P波和S波的时间差确定的；而宏观震中可能是一个，也可能是几个，它们都沿着断裂带分布。

震源到震中的垂直距离叫震源深度。

据地震后的野外考察，汶川地表距离微观震中最近的一个宏观震中是漩口镇何家山牛眠沟（也有人称之为牛圈沟）蔡家杠村附近一个叫莲花芯的山顶。这里的一条小溪从莲花芯的山上经过一道约100米高的瀑布流进牛眠沟，然后流入岷江。牛眠沟里有一块巨石（很可能是在一次古地震中从山上飞落下来的一块滚石），形如一头卧躺着安睡的水牛，所以这条沟被当地人命名为牛眠沟。

汶川地震的目击者述说，地震时他们看见莲花芯山上的石头像洪水一样涌流而来，碎屑流冲出莲花芯沟口（即平时的瀑布处），飞溅到对面200多米外的山坡上，再右转沿着牛眠沟向下游的岷江冲去，整个过程仅一两分钟，形成长约3.2千米、高差700米的运移轨迹。地震后，每当下暴雨，这些地震碎屑流为牛眠沟的泥石流提供大量物源，使得岷江边上的都江堰—汶川公路多次被泥石流毁坏。

③ 地下"凶手"

野外地质考察发现，汶川地震在地表形成了两条大破裂带，一条沿龙门山中央断裂，即北川—映秀断裂；另一条沿龙门山前山断裂，即安县—灌县（都江堰）断裂。

④ 地震烈度与极震区

所谓地震烈度，是指地震引起的地面震动及其影响的强弱程度。据"中国地震烈度表"规定，地震烈度为10度时，"山崩和地震断裂出现；基岩上拱桥破坏；大多数独立砖烟囱从根部破坏或倒毁"；地震烈度为11度时，"地震断裂延续很长；大量山崩滑坡"；地震烈度为12度时，"地面剧烈变化，山河改观"，这是"中国地震烈度表"中最大的地震烈度。

图2-2 据《四川画报：5·12大地震——绵阳抗震救灾纪实》

◇ a 为北川县湔江边上的公路被山体滑坡掩埋。b 为地震致使平武县多处发生严重的山体滑坡。

图2-3 汶川地震时山上崩落下来的岩石堵塞了公路，有的还将汽车推进深沟。据《四川画报：5·12大地震——绵阳抗震救灾纪实》

图2-4 北川县陈家坝乡

◇ a 为地震前。b 为地震后。滑坡塌方主要集中在龙门山中央断裂的上盘，而下盘的山体近乎完好，并没有发生严重的滑坡塌方。

图2-5 青川县红光乡东河口村

◇ a 为地震前。b 为地震后，整个村庄被400万立方米的地震碎石流所埋。c 为碎石流中碎石大小不一，大者10吨～300吨。

图2-6 汶川地震造成大量山体滑坡，塌方堵塞了公路，灾民只能从塌方体上撤离。据《四川画报：5·12大地震——绵阳抗震救灾纪实》

图2-7 北川县城全景照片

◇ a 为地震前。b 为航空遥感图。

图2-8 汶川地震形成的地裂缝（a）和堰塞湖（b）

⑤ 余震及其成因与持续时间

与久远的地质活动的历史相比，人类开始记载地震的时间实在太短了。同一条断裂，其变形方式几乎是不变的，该断裂上发生的众多地震肯定都具有相似的破裂机制。例如，引发唐山系列地震的是东北走向、稍兼正断分量的右旋走滑断裂。所以，仅凭震源位置和破裂机制这两个参数是无法判断一次地震是否属于先前某次地震的余震的。

其实，在地震学上，前震、主震、余震的概念相当模糊，并没有十分准确的界定。通常将某一时段内发生的某次大地震称为主震，之后的称为余震，前震和余震一般比主震震级小。如果有两次地震震级相近，那么称为双震。

双震有时会发生在同一断裂体系中不同的断层上，第二次地震由第一次地震触发而来。例如，1811年12月16日美国中部小镇新马德里附近发生的两次地震，第一次7.4级，第二次也是7.4级，两次地震相差6小时，地质学家认为该双震是沿着密西西比裂谷7.5亿年前的老断裂重新活化产生的地震，可见"断裂"是死是活并不太容易预见。

为什么一次大地震后会发生无数次余震？原因有以下几个方面：

其一，断裂带及其邻区各地块之间相互作用的应力和应变需要重新调整，以达到新的平衡。主震发生时岩石发生破裂与位移，产生了新的不平衡，余震是主断面周围邻近区域小断层在新的应力场作用下发生局部破裂与位移形成的。大家可以做个类比实验，将黄豆倒进一个玻璃瓶里，粗看瓶子好像满了，然后摇晃几下，体积变小了，再摇晃，体积还要减小，摇晃使得豆粒堆积变得更紧密了，在压实过程中豆粒之间要发生滑动与位移，相当于发生了"小地震"。等到所有豆粒皆做最紧密堆积之后，体系就稳定了。从这个意义上讲，余震是重新夯实因主震造成震源区岩石破碎松散的地质过程。

其二，主震造成断裂带内部岩石及其周边岩石的力学性质发生突变，例如孔隙度与渗透率增加，岩石摩擦强度降低，使得部分分支断层更易活动，形成小震。

其三，主震使得断裂带内部特别是已经滑移区与尚未滑移区的边界线周围的流体压力重新分配。局部位置上流体压力相对升高，从而有利于形成新的破裂及促使老断裂重新活动，形成余震。

地震属于"自洽系统"，具有自相似的特点。每次地震，无论震级大小，都有余震，甚至还有前震。每个地震，都可能是由其他地震事件触发的。每次正在发生的地震，又可能触发或激发新的地震事件，形成余震。所以，目前对前震、主震、余震的划分带有较多的可能因素。

但是，余震以其震级低（一般比主震至少低一个震级）和频度（单位时间内发生地震的次数）高为特征。一般来说，所有余震所释放的总能量不会超过主震能量的10%。目前，判别一次地震是否为以前某次主震的余震，主要看现今地震频度是否恢复到主震之前相当长时段的正常水平（即背景地震频度）。现在使用的检验标准主要就是经过修正的、由日本地震学教授大森房吉提出的经验公式。一般来说，主震过后1年～2年，地震频度就已经很小了，基本恢复到背景地震频度。

余震的持续时间主要取决于如何认定一个地区的背景地震频度。在世界上主要的板块边界上，经常发生地震，地震复发周期短，前后两次地震之间的背景频度较高，容易估算其数值，用修正后的大森房吉的经验公式得出的余震的持续时间一般为5年～10年。但是，把这种方法硬搬到成分复杂、历史复杂、构造复杂、地热结构差异大的地域或许就有问题了，地震复发周期一般为几百年甚至几千年，之前又没有地震仪，无法完整地记录所有级别的地震。因此，也就无法准确估算各地区的背景地震频度，也就无法有效地套用修正后的大森房吉的经验公式来估算余震的持续时间。

一个地区余震的持续时间取决于主震后断裂带岩石力学性质的恢复，就像前面的实验中，体积减小直到瓶子里黄豆达到最紧密堆积为止。唐山地震的震源深度为16千米，在这么大的深度上，压力高达400MPa，主震瞬间在震源岩石中形成的破裂与孔隙是无法持久的，很快就会被摩擦生热形成的假熔岩以及溶解—沉淀—结晶作用而成的矿物如方解石和石英等胶结起来，岩石剪切强度和渗透率用不了几年就基本恢复了。但是，近地表几千米的浅部地壳（<4千米～5千米），断裂带岩石的强度和渗透率恢复一般较为缓慢。所以，从地质学视角看，那些震源深度15千米～16千米的地震不可能是30多年前地震的余震，新的小震应视为大断裂带内部分支断层的局部活化，即重新活动。当下的小震无非是断裂带内部某个局部区域的现今活动而已，并不一定预示不久的将来会发生强震。

图2-9　断层褶皱陡坎

⑥ 断层的"死活"不能轻易下结论

由于地震内部的"不可入性"、大地震的"非频发性"和地震成因机理的复杂性等，目前人类还不能有效、准确地鉴定地下的断裂是死是活。

断裂带上地震的复发间隔时间有长有短。有的断层，休眠成千上万年，人们以为它死了，其实它在"午休"，积聚能量，一觉醒来，会吓人一大跳。同一断裂带中各分支断层的活动性和表现方式也不一样，并不是每一次地震中，同一断裂带中每条分支断裂都要同时活动的，它们有时联手"作案"，有时彼此独立行事。

还有些断层尽管"死"了，但死而复活，这叫构造活化、再活动或重新活动，在地质上这样的例子比比皆是。

现代科学已经让天文学家看到一百多亿光年之外的遥远天体，可是人类对于我们祖祖辈辈生活的地球，花了12年才深入到12千米处——苏联在克拉半岛打的一口科学钻井，也仅是一孔之见而已（直径才10厘米）。我们人类对于地球内部了解得实在太少了。所以，不要轻易给断层判"死刑"，断层"死亡证明"会让经济发达、人口密集、高楼林立的大城市的政府和民众放松抗震设防和对地震的警惕。

⑦ 隐伏断层：地震的"作案凶手"

有些断层潜伏或隐伏于地下几千米深处，不暴露于地表，隐蔽性很强，在地质图上标示不出来，一旦发震了，地质学家去现场也找不到痕迹。这种断层在构造地质学上叫隐伏断层或盲断层（图2-10），深部逆断层在近地表几千米的沉积岩中转化为褶皱构造（图2-10），深部逆冲断裂作用（产生地震）造成浅表沉积层或沉积岩卷拱起来，一边卷一边走，就像卷地毯。龙门山南部与四

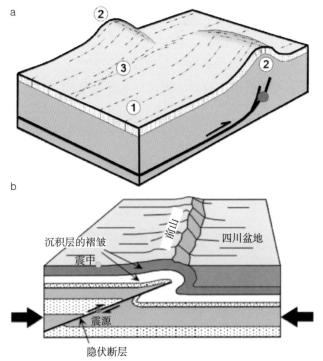

a

b

沉积层的褶皱

前山

四川盆地

震中

隐伏断层

震源

图2-10　隐伏断层示意图，由地下的逆冲断层造成地表的褶皱，红圈为震源。每次地震过程中，逆断层往前推一步，褶皱往上长一些，地层就像卷着地毯往前走。随着时间的推移，断层向前山传播，褶皱亦向前山传播

川盆地交界地区这类隐伏断层很多，说明那个区域里的断层发育成熟度尚不够高。每条隐伏断层在水平方向上延长不过几十千米，往往互成雁行排列，在三维空间上尚未彼此贯通。与隐伏断层相反，那些从地壳深处一直断到地表的断层叫显断层。

隐伏断层应力易于集中，所以，发震周期短。但是由于单个断裂长度只有几十千米，故震级不会高于7.0级（矩震级）。

⑧　地震波在地球中传播有多快

从震源传出的第一个地震信号是P波，也称为纵波或压缩波，从断层面向外散发。压缩波是传播速度很快的高频波，犬类以及其他一些动物能够听得到，但对人类而言只是一些微不足道的颤动。它们一般不会造成什么伤害，不过对地震预警十分有利。由于P波的传播速度快，地震仪往往能够在早于其他地震波30至90秒之间探测到它。这些时间已经足够启动地震预警系统，如果一

个国家全境都在使用这种方法，那么在地震来临前，通过它来自动激活各种应急模式：中止铁路运行，关闭发电厂，启动消防闸门，通报医院停止手术，触发警报等，就能使公众有所防备。

表面波的传播速度较慢，是低频波，即S波，但是其振幅很大，会让整个地表上下震动或是左右摇摆，即使在抗震能力强的房屋里，只要不是固定住的东西，比如书架、桌椅、台灯、电脑、厨房里的瓶瓶罐罐以及玻璃制品等都会被到来的表面波狠狠地摔到地上。地基不稳的房子则随地面震动或滑动，导致崩塌。

地震，特别是大地震，是人类的巨大灾害，其唯一的好处就是将释放的地震波传向全球，为人类了解地球内部物质组成、结构和物理状态提供良机。但是，解释地震波在地球内部遨游的资料是复杂的，因为地震波的速度与途经岩石的成分、构造、温度、压力有关，随着深度的增加，温度增加，压力也增加。科学家在实验室里模拟地球内部高温高压条件，测量P波和S波在各类岩石中传播的速度，以期构建地震波速度与岩石成分、构造、温度、压力的关系。1946年，布里奇曼（Bridgman P. W.）教授因对高压下岩石、矿物、金属、玻璃等材料物理性质的开创性研究，获得了诺贝尔物理学奖。70多年来，人类对弹性地震波在岩石中传播速度与各向异性的研究取得了一系列重要的进展，为现代地震学奠定了坚实的理论基础。所谓各向异性就是在同一种岩石中，地震波速度随传播方向或震动方向的不同而不同，取决于岩石的内部结构，例如矿物晶格的优选定向。

地震波速与温度、压力到底有什么样的关系呢？在恒定的压力条件下，只要不出现变质反应、矿物脱水、部分熔融，岩石的地震波速（v）随温度（T）的变化相对简单，即波速随温度增加做线性减小。但是，波速随压力的变化就相对复杂了。例如，采自苏鲁—大别超高压变质岩带地表的岩石标本常常显示出一定的波速滞后性，在升压过程中，岩石波速随围压逐渐升高先做迅速的非线性增加，然后在某一临界压力（p_c-up）之上再做缓慢的近线性增加。在降压过程中，波速先做缓慢的近线性减小，然后在某一临界压力（p_c-down）之下再做迅速的非线性减小。降压曲线总是位于升压曲线之上，即p_c-down总是高于p_c-up，即使在线性区间内，也总是在降压时小于升压时。上述现象称为地震波速的滞后性，其量值可以定义为在某给定压力下升压波速（v_{up}）和降压波速（v_{down}）之差：$\Delta v = v_{down} - v_{up}$。在无孔隙、无裂纹的完全线弹性理想岩石中，$\Delta v = 0$；但在有孔隙、有裂纹的实际岩石中，$\Delta v > 0$。

基于上述现象，科学家指出以下三种机制导致岩石的波速滞后。其一，孔隙的不可逆压缩：在高压下被压塌的孔隙即使外压减小了，也不可能恢复到原先的大小与形状。其二，微裂纹的不可逆闭合：在升压过程中闭合的微裂隙两壁彼此黏结，即使后来外压降低了，也不能再重新张开。其三，岩石中颗粒接触条件的改善：天然岩石的颗粒边界或裂纹往往遭受蚀变并在其中形成低强度的蚀变矿物如绢云母、绿泥石、蛇纹石。在挤压过程中，这些蚀变矿物起到了韧性润滑作用，有效地改善了颗粒间的接触条件，从而提高了波速。

然而，采自江苏省东海县中国大陆科学钻探（CCSD）主孔深度3000米～4600米段的岩芯标本几乎不显现或很少显现波速滞后性，这是因为深孔岩石标本在钻探取芯过程中应力遭到突然释放而形成张性微破裂，由于这些新形成的新鲜的微破裂面上没有低强度的蚀变矿物，在试验的加压过程中岩石的这些微破裂虽然闭合，但在降压过程中它们又重新启张，微裂隙两壁彼此缺少黏结。所以，深孔岩芯不显现或显现很小的波速滞后性。

地表岩石具有明显的波速滞后性，而深孔岩芯不显现或呈现很小的波速滞后性，说明波速的降压曲线比其升压曲线更能反映地下深处原地岩石的地震波性质。换句话说，地表岩石在升压过程中测定的波速是不能完全代表地下深处原地岩石的地震波性质的。

总而言之，岩石波速之所以随围压的增加而增加，不仅仅是由于围压导致了裂纹和孔隙的闭合，还由于各造岩矿物晶格随围压增加而受到更大的压缩。波速与围压的关系可以用式（1）表达：

$$v(p) = v_0 + Dp - B_0 \exp(-kp) \tag{1}$$

该式的物理含义解释见图 2-11。v_0 为零围压时该致密岩石的波速，D 为波速的压力偏导。v_0 和 D 描述高压下（$p > p_c$）波速与围压之间的线性关系。上式中，（$v_0 + Dp$）部分反映岩石中矿物晶格的弹性体应变随外加静水压力增加而线性增加，这部分式子仅能对高围压下波速和压力的关系予以描述，因为受高围压作用，岩石中几乎所有的裂纹都已闭合。B_0 和 k 是描述低压下（$p < p_c$）波速—围压（$v\text{-}p$）曲线形态的两个重要参数。$v_0 - B_0$ 是零压力时岩石的波速，B_0 为零围压时由岩石中裂纹或孔隙的存在所致的波速降（B）。波速降 B 是在某一给定压力条件下一个可以实测的物理量。在 $p = 0$ 时，B 等于最大值 B_0，然后随着 p 的增加，B 值逐渐减小，其衰减的速率和 B 值自身的大小成正比。k 是波速降的衰减系数，它是波速降随围压增加而衰减之速度快慢的标志。k 值越大，则波速降衰减得越快，岩石中的裂纹或孔隙更容易闭合。其实，k 值反映了岩石中裂纹宽长比（s）分布的情况，$s = \dfrac{b}{a}$，a 和 b 分别表示裂纹的长度与宽度。s 越小，则 k 值越大；反之亦然。当 s 趋向 1 时，则 k 趋向 0，说明球状孔隙是难以闭合的。常压下测定的岩石波速相当于图 2-11 中的（$v_0 - B_0$）值。

v_0 是岩石的内在性质，与其化学成分特别是矿物模式组成具有很好的相关性。通常来说，v_0 随岩石的 SiO_2 含量增加而减小，但是相同成分的岩石，v_0 与组成岩石的矿物含量关系重大。例如，斜长角闪岩、变辉长岩、榴辉岩三者成分几乎相同，但 v_0 却相差很大。在与大洋板块俯冲作用相关的变质过程中，斜长角闪岩和变辉长岩先部分转变，然后彻底转变成榴辉岩，虽然在此过程中，主量化学元素成分变化不大，但波速和密度却有了大幅度的增加。相反，在俯冲板块的折返过程中，榴辉岩会逐步退变成斜长角闪岩，从而造成波速和密度的减小。榴辉岩中那些在折返过程中由于流体渗透所形成的退变带，将构成地震波的低速带，在退变带与两侧榴辉岩接触边界上将造成地震波的反射。

波速的压力偏导（D）是将实验室数据和地球内部岩石地震波资料联系起来的一个重要参数。根据 D 值大小，苏鲁—大别超高压变质岩可分为两类：（1）斜长角闪岩、退变榴辉岩和蛇纹岩，作为退变产物，具有较高的 D 值 $[2.9\times10^{-4}\,\text{km}/(\text{s}\cdot\text{MPa})\sim 3.1\times10^{-4}\,\text{km}/(\text{s}\cdot\text{MPa})]$；（2）正副片麻岩、白云石大理岩、榴辉岩化的变辉长岩、榴辉岩和橄榄岩都具有较低的 D 值 $[2.3\times10^{-4}\,\text{km}/(\text{s}\cdot\text{MPa})\sim2.4\times10^{-4}\,\text{km}/(\text{s}\cdot\text{MPa})]$。波速的压力偏导似乎和岩石的化学成分没有直接的关系，而更多地取决于岩石中退变矿物如蛇纹石、角闪岩和云母的含量。D 值随退变矿物含量增加而增加。

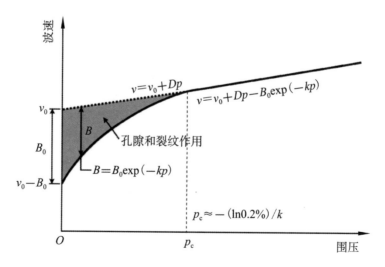

图2-11 波速与围压定量关系式中各参数的物理意义

B_0是裂纹所致的最大波速降。苏鲁—大别超高压变质岩的平均B_0为1.1km/s，最小值为0.5km/s，出现在软岩（如蛇纹岩）中；最大值为1.3km/s～1.4km/s，出现在硬岩（如橄榄岩、榴辉岩和长英质片麻岩）中。B_0是岩石中裂纹密度和几何形态的指示参数，然而其定量关系目前尚不清楚，有待进一步深入研究。

波速衰减系数k控制波速—围压曲线非线性段的形状。苏鲁—大别超高压变质岩k值的变化范围介于$1.3×10^{-2}MPa^{-1}$（榴辉岩）和$2.5×10^{-2}MPa^{-1}$（变辉长岩）之间，平均值为$1.6×10^{-2}MPa^{-1}$，说明孔隙和裂纹在变辉长岩（如采自青岛市仰口海滩的样本）中最易关闭，而在榴辉岩中最难闭合。退变榴辉岩、白云石大理岩、正副片麻岩和橄榄岩的平均k值分别是$1.5×10^{-2}MPa^{-1}$，$1.7×10^{-2}MPa^{-1}$，$1.8×10^{-2}MPa^{-1}$和$2.2×10^{-2}MPa^{-1}$。

事实上，作为地球肌体的岩石是一种记忆材料，其中蕴藏着许多陈年往事与无数的秘密，需要地质学家去揭示。

⑨ 地震与火山

火山与地震是伴生关系，是一对孪生兄弟。沿着环太平洋火山带（Ring of Fire），世界上严重的地震几乎都发生在这条从新西兰往北，经过印度尼西亚、菲律宾和日本，然后抵达堪察加半岛与阿拉斯加，再向南延伸至加拿大与美国西部海岸，直至南美洲的智利的火山带上。2011年日本本州岛海域的9.0级地震，2004年印度尼西亚的9.2级地震，1964年阿拉斯加的9.2级地震，1960年智利的9.5级地震，皆发生在环太平洋火山带上。根据板块构造理论，环太平洋火山带就是太平洋板块周围的俯冲带，大洋板块下插到一定的深度，温度升到足以使得岩石发生部分熔融，产生岩浆，一般高压岩浆中含5%～6%重量的水（普通苏打水里含2%～3%重量的气体），在板块挤压应力作用下低密度的岩浆上升喷发到地表，形成火山。而地震则是大洋俯冲板块与其上覆的大陆板块之间发生的摩擦，断层在瞬间滑动、释放能量造成的。

例如，美国西北部喀斯喀特山脉中的圣海伦斯火山，就是由胡安·德富卡海洋板块对北美大陆板块俯冲作用形成的。胡安·德富卡海洋板块上含水沉积物及其蛇纹岩（含水14%）随板块俯冲到一定深度后，脱离的水进入热的北美大陆的下地壳，降低其熔点，使其发生部分熔融形成岩浆，岩浆在地壳中积累到一定量之后才能攒足劲头冲出地表，所以火山喷发是间歇性的。

1674年，比利时传教士南怀仁（Ferdinand Verbiest，1623—1688）用中文写了本书，名叫《坤舆图说》，书中说地震是地下热气运动形成的，这或许是世界上最早的火山地震说。

在多地震和火山的国家，人们早就注意到火山爆发前后必伴随地震发生，大地震发生也会触发火山爆发。例如，1960年，智利发生9.5级地震，安第斯山脉中的普耶韦火山随后大规模喷发。2004年，印尼苏门答腊发生9.2级地震，此后一年多，爪哇岛发生强烈的火山喷发。日本新燃岳火山于2011年1月26日和2月11日两度喷发。3月11日日本本州岛海域发生特大地震并引发海啸。地震后仅两天，即3月13日，新燃岳火山再次喷发，烟尘喷向空中，高达4000米。日本首都东京西部的富士山，也是一座活火山。2011年3月日本本州岛海域发生特大地震之后，富士山附近经常闹些小地震，引起日本科学家和当地民众的警惕，他们利用15台地震仪、3台测斜仪和8台全球卫星定位系统观测台站，夜以继日地监测富士山的火山与地震活动。

大地震可以触发火山喷发，火山喷发必然引发地震。不过世界上每年由火山喷发引发的地震只占总地震数的约7%。火山地震有个特点，就是震源深度一般不超过10千米。火山在喷发之前，先是岩浆房内部压力增大，使得岩浆房顶盖与周围岩石中应力状态发生变化，导致块体之间发生摩擦滑动，产生地震。或是因为岩浆强行侵入到周围岩层内的裂缝或层理，导致岩层发生断裂，形成地震。在活火山周围安置足够数量的地震仪，实时监视火山地震的频度与强度，解析其规律，可以达到预报火山喷发的目的。

意大利西南部著名的维苏威火山，从公元63年开始火山周围不断发生小地震，到了公元79年8月24日地震活动达到高潮，于是，沉睡800年的维苏威火山爆发了，滚滚浓烟和无数红彤彤的火山弹从山顶腾空升起，在天空画出一条条亮线，剧烈的爆炸声接连不断。顷刻之间，天昏地暗，大地摇晃。喷起的熔岩，落地后凝固成块，一切能燃烧的都燃烧起来。在18小时之内，维苏威火山共喷发出超过100亿吨的熔岩、浮石、碎石、火山灰，把10千米外的庞贝城彻底地掩埋了，最深处竟达19米。全城近两万市民窒息而死。直到1594年，当地居民修建水渠时，意外发现了1515年之前的庞贝古城，庞贝城的古人们遇难时的各种形态姿势凝固于熔岩与火山灰之中。庞贝城的古人们没能意识到火山爆发前16年里发生过的1000多次地震，它们是火山爆发前的预报，否则若采取躲避措施，也不至于遭此灭顶之灾。

当今世界上许多城市处于火山喷发的威胁之中。例如，美国的西雅图、日本的东京、意大利的罗马、菲律宾的马尼拉、墨西哥的墨西哥城、新西兰的奥克兰、厄瓜多尔的基多等。内瓦多·德·鲁伊斯（Nevado del Ruiz）火山位于哥伦比亚西南部卡尔达斯省，海拔5321米，是一座层状火山。1985年11月13日火山喷发，火山碎屑流融化了山顶的积雪，形成的火山泥流顺着河谷冲向下游的村庄、小镇，村庄被毁，人员伤亡严重。根据哥伦比亚火山观测机构近年来的报告，内瓦多·德·鲁伊斯火山至今仍是座活火山。

南美洲太平洋沿岸国家智利，是一个地震和火山多发的国家。智利东靠安第斯山脉，安第斯山脉分布着几十座火山，其中康塞普西翁市东南约300千米处的普耶韦火山，海拔2000千米。

1960年5月21日至6月22日康塞普西翁市太平洋沿岸，连续发生13次7级以上的地震，当地时间5月22日下午3时多，发生9.5级地震，造成地下岩层剧烈运动，挤压着地下深处的岩浆往上涌，48小时后炽热的岩浆沿普耶韦火山口猛烈地喷出地面，火山灰和气体冲高6000多米，遮天蔽日。熔浆还从火山两侧宽达三四百米的大裂缝中喷涌而出，顺着山坡往下流，所到之处大火燃烧。火山喷发持续了好几个星期。

2010年春天，冰岛艾雅法拉火山爆发。这座火山平时被冰川覆盖，火山爆发时，灼热的岩浆喷射到几百米甚至上千米的空中，染红了夜晚的天空。火山灰以及从减压岩浆中释放的二氧化碳和二氧化硫气体，还有冰川融化形成的水蒸气冲到几千米高空，进入平流层，笼罩整个西欧。

火山喷发后，火山灰与有毒气体进入大气，不仅造成人与牲畜患病与死亡，而且影响生态环境与温度。释放到大气中的硫和二氧化碳，再降落到地表就转化为酸雨。火山灰进入平流层，会减少地表日照量，降低农作物的收成，造成饥荒与疾病。在过去200年中，死于火山爆发的人有200万，其中三分之一的人死于火山爆发后的饥荒与疾病。例如，1783年拉基山火山爆发，9000名冰岛人死于饥荒。1815年坦博拉火山爆发，造成9万多印度尼西亚人死于饥荒。此外，海底火山爆发还会造成海啸。例如，位于印度尼西亚巽他海峡中、拉卡塔岛附近的喀拉喀托火山，于1883年喷发，释放出250亿立方米的物质，是人类历史上最大的火山喷发之一。这次喷发以及继发的海啸摧毁了数百个村庄和城市，造成5万多人死亡。

中国也有可能爆发的火山，如长白山、五大连池、科洛、镜泊湖、龙岗、雷琼、腾冲、阿什库勒、可可西里和分布在台湾地区的几座火山，其中，最具危险性的是黑龙江的长白山与台湾的阳明山。目前，我国火山研究在人力、物力、研究手段等方面与

发达国家还存在一定差距。全国已建立六个监测站，分别位于长
白山天池火山、吉林龙岗火山，黑龙江五大连池火山、镜泊湖火
山，云南腾冲火山，海南琼北火山。

既然谈到火山，不妨顺便讲一讲火山绳岩。

绳状熔岩，又称火山绳岩（图2-12），是岩浆从火山口喷发出
至火山口地表，然后顺坡而下，冷却表皮受到内部尚未凝固还在
流动的岩浆的推挤作用，熔浆流冷却表皮发生扭动与卷曲，形成
绳状皱纹。观察发现，在任意一点上，石绳的延长方向基本都是垂

图2-12 美国夏威夷玄武岩质的火山绳岩（a，b）及其成因（c，d）。火山熔浆顺坡而
流，冷却表皮在内部流动着的火红岩浆的推挤作用下搓成绳状

直于岩浆流动的方向。在岩浆流动的山谷里，石绳的延长方向呈弧形弯曲，弧尖指向熔岩的流动方向，即斜坡的倾向。即使火山地貌被毁，地质学家仍可利用石绳的上述特征判断古火山口的位置。

有时候在一些特殊的地点，受地形的影响，岩浆形成涡流，由此形成的石绳亦变得异常复杂，有的呈盘旋状，有的似织毯花纹。

石绳在黏度较小的玄武岩质熔岩中较为常见。例如，美国夏威夷的火山岩，外表与钢丝绳、麻绳、草绳等极为相似，表面粗糙，成束出现。绳束直径可达30厘米～60厘米，单绳直径常为5厘米～6厘米。

玄武岩，其重量的45%～53%是二氧化硅，呈黑色，其熔浆是上地幔橄榄岩部分熔融的产物，熔点高达1300℃，即使上升到地表，温度大概还有1200℃。所以，熔岩所到之处，点燃树木植被，引发熊熊大火。

岩浆突然喷到地表，压力陡降，原先高压时溶解于岩浆的挥发成分（主要为水）气体就要释放，从逐渐冷却的熔浆里冒出来，留下一个个气泡。如果大量气泡互不连通，使熔岩的整体密度比水还低，若喷发到海里，将浮于水面，随波漂流，因此称为浮岩（Pumice，图2-13a，b）。

2006年8月的一天，阳光明媚，澳大利亚人弗雷德里克在南太平洋汤加国（Tonga）的瓦瓦乌（Vava'u）岛西侧洋面上驾着一艘游艇，他简直不敢相信自己的眼睛，前方突然出现一片几千米长、白色的沙滩（图2-13a，b，c，d），而地图上却没有任何标志。驶近一看，原来是海面上漂浮着一层白色的石头。这种石头就是上文提到过的浮岩，是含很多空隙、有泡沫结构的火山喷发岩。因为大多数空隙是孤立封闭的，石头的密度比水还小，故能浮于水面。浮岩广泛用作混凝土材料和化学工业中的过滤器、洗

图2-13 弗雷德里克驾着游艇看到瓦瓦乌岛西侧的洋面上漂着一层石头，它们是火山爆发形成的浮岩

涤剂、催化剂等。

不久后，他看到远处有三座新生的小岛（图2-13e），以前是没有的，岛上烟雾缭绕，轰的一声巨响，黑色的熔浆柱从海面升起，有几百米高（图2-13f）。接着，又是几声巨响，岩浆在剧烈爆炸中喷发，滚烫的岩浆将海水汽化成白色的雾，极其恐怖。

海底火山爆发，形成了新的小岛，喷发到空中的熔浆，落到海水里迅速冷却成浮岩，漂浮于洋面，随波逐流，越集越多，形成几十千米长的浮岩带。这些浮岩随着洋流会漂到几千千米外的大陆边缘，然后沉积下来，随后与周围的岩石一起深埋、变质。这些白色的浮岩会变成长英质正片麻岩，与周围的岩石毫无成因关联。

汤加国是一个位于太平洋西南部赤道附近、由172个大小不等的岛屿组成的国家。汤加国东面是著名的汤加海沟，太平洋板块在此向西俯冲，俯冲板块上部下插到一定深度后就要发生脱水，产生部分熔融，形成岩浆，再从海底喷发出来，形成岛链。

　　世界上最大规模的喷发不是出现在陆地，而是在海底的大洋中脊。洋中脊向两侧扩张越快，玄武岩喷发越多。大西洋的洋中脊扩张速率慢，每年3厘米～4厘米，相当于我们手指甲的成长速度；太平洋的洋中脊扩张速率较快，每年8厘米～9厘米，相当于留长发的姑娘头发的生长速度。在海底喷发的玄武岩不是形成绳状熔岩，而是形成枕状熔岩，因为熔浆在水下冷却太快了，内部岩浆来不及对冷却表皮进行推挤就彻底地凝固了。冷却凝固后的玄武岩就像一个个枕头，乱叠在一起。

⑩ 海沟巨震加快地球自转

　　2011年3月11日的日本本州岛海域地震，震源深度为24.4千米，9.0级（矩震级），是日本有观测记录以来规模最大的地震，导致地球自转速度加快了1.6微秒/天，比2010年2月27日的智利8.8级地震所造成的1.26微秒/天还大。2004年12月26日的苏门答腊9.2级地震甚至使地球自转速度加快了6.8微秒/天。1微秒就是百万分之一秒。

　　为什么发生在海沟的巨大地震能加快地球的自转速度？地球是一个旋转的近似圆的球体，任何一个能把密度较大的物质突然推进地球深部（即更靠近地球自转轴）的运动都会造成地球转动惯量减小，即增加地球的自转速度。这是因为地球的总角动量守恒，转动惯量减小，角速度就要增大，这好比一个花样滑冰的运动员，双手紧抱身体或伸向头顶就能加快旋转（图2-14）。那些发生在大洋板块俯冲带上的巨大地震能够突然改变地球内部的质量分布。地震时，较冷的或密度较大的大洋板块沿着俯冲带突然下插，震级越高，下插的距离越大。对于同样级别的地震来说，震中的纬度越低（越靠近赤道），则造成的地球自转加快的程度越大，这就解释了苏门答腊9.2级地震使得地球自转速度加快了6.8微秒/天（低纬度，近赤道），而智利的8.8级地震才使地球自转速度加快了1.26微秒/天，日本的9.0级地震使地球自转速度加快了1.6微秒/天的原因。

图2-14 滑冰运动员，展开双手与叉开双腿使得转动惯量（I）增大，角速度（ω）减小（a）；双手紧抱身体与双腿并拢则使得转动惯量减小，角速度增大（b）

第三章

地震如何
危及生命

地震波本身杀不了人，充其量能将空旷之地的人颠趴下。地震中，真正的"杀手"是倒塌的房屋、山体滑坡、塌方、泥石流与海啸。遮风避雨的房屋，如果抗震能力差，地震来时就可能成为伤害人们的"罪魁祸首"。

根据大量地震灾害调查结果的分析得出，地震造成人员伤亡的主要原因有以下几个方面：

① 房屋建在断裂带上

断层是地震时地面变形的集中之地。断层的位移，包括水平位移和垂直位移，在大地震中从几十厘米到十几米，跨越断层的房屋，其基础承受不了这么大的位移，房屋因而遭到破坏。

② 建筑物的抗震能力比实际的地震烈度小得多

在2001年公布的《中国地震动峰值加速度区划图》中，有的地方是6度（地震动峰值加速度为0.05g左右，g为地表的重力加速度，约是9.8米/秒^2）。这些抗震设防的标准是在缺少长时间（3000年以上）的地震记录资料情况下制定的，抗震设防的烈度有可能会比实际地震烈度低1度～3度。

③ 砂土液化

松散沉积物包括古河道、古湖泊相的沉积物、流沙土以及人工回填土等。这类松散沉积物空隙度大，内含饱和水，具触变性。在静态情况下，沙土中各矿物颗粒是相互接触的，颗粒间的流体压力很低，不足以支离相邻颗粒，影响颗粒接触与应力支撑，故有一定的稳定性。但在动态情况下，例如地震波晃动下，颗粒间的流体压力增大，能够支离相邻颗粒，降低颗粒间的接触与摩擦力，使得水饱和的松散沉积物瞬间失去稳定性，呈现出液态的物理性质（即砂土液化，Liquefaction），使得坐落其上的建筑物在流沙中不均匀下沉，造成建筑物倾倒而彻底摧毁。这就是建筑学上所说的场地效应和地基失效，平时看起来坚固的土地在地震时却像是液体那样"流动"起来，摧毁上方的一切建筑，包括房屋、公路、铁路、桥梁、通信设施、灌溉渠道甚至军事设施等。地震会造成建在松散沉积物之上的道路发生陷落（图3-1）。砂土液化还能使埋在地下的竖立的水泥管被地震挤出地面（图3-2）。砂土液化的道理可以通过一个简单的实验予以说明：把一块方糖放在一碗小米上，然后来回晃碗，方糖很快沉入小米之中。

1985年9月19日墨西哥海岸连续发生8.1级和7.6级两次强烈地震，造成西部太平洋沿岸4个州和离震中约400千米的首都墨西哥城近万幢高层楼房

图3-1 地震引发道路塌陷。1994年日本北海道地震

倒塌，近4万人死亡。墨西哥城的老城和商业区的主要办公楼和宾馆全部倒塌。震后调查表明，墨西哥城建造在古湖泊相沉积之上，地面震动导致地基失效从而使建筑物倒塌。1989年10月17日美国加利福尼亚州洛玛普里艾塔发生7.1级地震，由于震区的建筑物总体抗震能力较好，建筑物破坏并不严重，但是，在靠近旧金山湾附近，由于多是人工回填土，建筑物多遭破坏，包括多座高速公路立交桥坍塌。2001年1月26日印度古吉拉特邦发生7.9级强烈地震，导致1.6万多人死亡，约15万人受伤。这次地震几乎摧毁了该邦首府库奇镇所有的建筑物，因库奇镇正好建造在印度河的古河道上。

图3-2 地震造成砂土液化，然后挤出原本埋在地下的竖立的水泥管。2003年日本北海道十胜—隐歧地震

无论2010年1月21日发生在海地的7.0级地震，还是2010年9月4日发生在新西兰基督城的7.1级地震，砂土液化都是造成震害的主要原因。海地首都太子港的许多地区，在地震触动的那20秒时间里，原先坚实的地面变成软糊状流沙，再也无法支撑建筑，造成房屋大量倒塌，约30万人丧生，100多万人无家可归。砂土液化使得新西兰基督城中心商业区多座建筑包括著名的

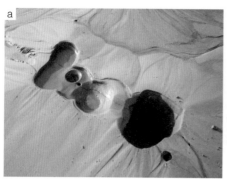

图3-3 地震时地下隐伏断层的活动常引起地面冒水喷沙，喷出的沙常会掩埋农田里的庄稼

大教堂倒塌。美国西雅图有15％的面积是可液化的土地，其上建有17个儿童日托中心以及34500位居民的房屋。卡斯卡迪亚断裂带一旦发生大地震，居住在可液化的土地上的西雅图居民将遭遇灭顶之灾。

④ 岩石崩塌和山体滑坡

世界上活动造山带的特点是地势起伏大，山坡陡峭，一般坡度达50°～60°，有的甚至达70°～80°，极不稳定。山高谷深，少量的土壤沿沟分布，人们只能居住和活动于沟谷之中，而狭长沟谷正是断裂带通过之处。这个地貌特点决定活动造山带是地质灾害非常严重的地区。滑坡体连同山上的树木与植被倾泻而下，掩埋城镇与乡村，堵塞河道，阻断公路（图2-5，图2-9，图3-4）。

需要强调的是，高山地区滑坡体的运移，一旦启动，速度可以很快。例如，美国贝尔图斯山脉一处面积达1295平方千米、厚3.2千米的滑坡体，曾以每小时几百千米的速度滑行了48千米，途中还翻越了一座488米高的山，令人称奇。地质学家考察后发现，该巨型滑坡事件由阿博萨洛卡火山喷发触发，滑坡体下面的流体受到下伏火山岩浆的加热而汽化，形成强烈的气垫作用，气体顶起上面的岩层而顺坡滑移，越滑越快，滑移过程中摩擦生热进一步从石灰岩中释放二氧化碳气体，维持了气垫作用。

此外，海洋里的滑坡还可能引发海啸。例如，1792年日本发生大地震，地震造成九州岛云仙岳火山锥崩塌，以巨型山体滑坡的形式跌入大海，在九州岛东海岸形成约100米高海浪的海啸。

图3-4 世界上典型的滑坡体

◇ a 为2014年3月22日发生在美国华盛顿州奥索（Oso）镇的滑坡，摧毁40栋房屋，造成40人死亡（摄影：米卡·麦金农）。b 为2000年4月25日发生在中国台湾基隆市七堵区玛东山区的山体滑坡，面积约有两个足球场大小，掩埋高速公路。c 为2001年发生在加拿大不列颠哥伦比亚省塞西湖路边的滑坡（摄影：库特）。d 为2013年4月13日发生在美国犹他州宾汉峡谷铜矿露天采矿坑的巨大塌方，7000万立方米的岩土倾泻而下。

⑤ **泥石流**

　　所谓泥石流，就是由岩屑和泥水混合而成的复合物质顺坡流动的地质过程。具体地说，泥石流是山区或者其他沟谷深壑、地形险峻的地区，在暴雨或融雪之后发生的携带有大量泥沙和石块的特殊洪流。泥石流具有季节性、突发性以及流速快、流量大和破坏力强等特点。泥石流常常会冲毁村镇、公路铁路等交通设施，造成人员伤亡与财产损失。

　　汶川地震严重地破坏了龙门山地区岩土体的稳定性，致使滑坡和泥石流等地质灾害进入一个活跃期，这个活跃期至少要持续20年～30年，特别是地震后的前10年，地质灾害将尤其多。

　　汶川地震引发的地质灾害比唐山地震诱发的地质灾害严重得多，原因是唐山地震灾区属于平原和丘陵地区，而汶川地震的灾区是复杂的山区。根据高精度遥感图像分析和野外考察，有关专家在龙门山地区已发现泥石流等地质灾害隐患点4970处。同时，科学家还在龙门山地区研究强震作用下斜坡失稳破坏机理、强震造成的泥石流等山地灾害分布规律及稳定性分区特征、地震次生灾害链形成机理和风险评估等科学问题。

　　2013年1月11日，昭通镇雄县果珠乡高坡村赵家沟在连续雨雪之后突然发生滑坡泥石流。造成这场泥石流主要有四个因素：第一，地貌因素。滑坡地山高坡陡，沟壑林立，属容易发生滑坡的地貌。第二，地质因素。滑坡地地处二叠纪煤系地层，下层为较硬的灰岩层，容易形成滑坡。第三，地震因素。2012年9月7日发生的彝良地震造成山体松动、岩石破碎，形成滑坡的诱因。第四，气象因素。近期雨雪天气造成大量融水渗透，山体过度饱和后导致了滑坡。其中第一条与第四条最为关键。

　　第一条回答了"滑坡的能量或驱动力的来源"问题。滑坡的动力来源就是重力在滑动面上、沿着滑移方向上的剪切分力，该

图3-5　泥石流

◇ a 为2009年7月17日发生在四川省安县高川乡的泥石流，一夜之间从山沟里突然冲出几十万立方米的泥石，掩埋了村庄和公路，泥石厚达3米～4米，中间的公路是用推土机扒开来的。b为2009年7月17日发生在四川省都江堰市龙池镇南岳村的泥石流，一夜之间震后重建的农家乐饭店被掩埋了，仅剩下房顶。c，d 为2006年发生在印度尼西亚爪哇岛诗都阿佐的火山泥石流。e 为泥石流的流动构造。

力必须达到足以克服前进过程中由摩擦生成的阻力。上述剪应力与地形高差以及坡度角的正弦值成正比。坡度角越大，滑坡的动力越大；地形落差越大，滑坡的动力亦越大。没有山高坡陡，就不会滑坡。

第四条讲的是山体特别是泥土中的水饱和问题。泥土中含有很大的孔隙度，在干燥的时候，矿物颗粒之间相互接触，形成连续的应力支撑格架，维持必要的力学平衡。但是，强降雨或冰雪融化之后，水沿着裂隙渗透到泥土内部空隙与裂隙，当流体体积含量超过一定的临界值（25%～40%）之后，固体颗粒之间就不再彼此接触，而被流体分开，流体在三维空间中构成弯曲且连续的应力支撑格架。土—水两组分复合的体系的强度就会突然剧降，在重力的驱动力作用下，其行为就像流体一般，顺坡流动。若土—水体系中还裹挟着石块，这就是威力无比的泥石流了，其破坏力就更强。泥石流运动速度往往很快，连其中的气体都来不及逃逸，形成气垫作用，从而更加速前进。

上述第四条涉及材料流变学问题，即强相支撑体系（如多孔材料和固—液复合材料）到弱相支撑体系（如悬浮液）流变行为转变及其临界条件的问题。

所以，泥石流的形成需要满足三个基本条件：第一，便于集水集物的陡峭地形（驱动力）；第二，上游堆积有丰富的松散固体物质（物质基础）；第三，短期内有突发性的大量降雨或融雪（水源及水的加入）。泥石流开始流动时，体系内流体（泥水）的含量应该为25vol%～40vol%，具体值取决于岩屑与岩块的形状与大小分布。

⑥ 地震堰塞湖

地震之后河水突然大幅度减少，说明河流上游地段地震造成山体崩塌，形成地震坝或岩土坝，阻挡了河水的正常流动，地震坝上游的河水会越积越多，形成堰塞湖。若再连降暴雨，堰塞湖的水位会迅速上升，地震坝一旦溃决，必然威胁下游居民的生命和财产的安全。

地震之后，发现河流里的水或暴涨或陡降都不是好事，说明地震形成了堰塞湖。

地震堰塞湖，是由地震引发的滑坡或岩崩堆积河道产生的，属于滑坡型堰塞湖（图2-6b，图2-8b）。地震堰塞湖广泛发育在活动造山带内，区域内地形起伏大，山高坡陡，斜坡上岩土本来就岌岌可危，暂处亚稳定状态，若经强震颤动，立马失稳，在重力作用下，导致山崩与滑坡。据成都理工大学黄润秋教授等的统计，中国大陆约80%的大型滑坡皆发生在青藏高原东侧的大陆地形第一梯度带内。由于堰塞湖坝体由岩土体杂乱快速堆积而成，物质疏松、结构垮散，处于非固结状态。与人工建成的钢筋混凝土坝体相比，地震堰塞湖坝体既没有心墙防止渗流管涌，又没有办法控制孔隙水压力，更没有溢流设施足以稳定堰塞湖水位，坝体随时可能因为漫顶溢流、管涌或者底部渗透作用而破坏。地震堰塞湖坝体一般都很短命，据国外专家统计，27%的地震堰塞湖坝体一天内溃决，约41%一周内溃决，一半以上十天内溃决，约56%一月内溃决，约80%半年内溃决，约85%一年内溃决。上述数据表明地震堰塞湖坝体能够保持一年之上的仅有15%左右。地震堰塞湖坝体阻挡了河道的正常水流，使得其上游水量越积越多，水位迅速上涨，一旦溃决，将淹没原先建在河岸边上的房屋，造成重大的人员伤亡与经济损失。地震堰塞湖坝体一旦发生溃决，其下游水系地区立马遭殃。例如，1933年8月25日15时50分30秒，四川省西北的岷江断裂发生7.5级地震，叠溪古镇附近岷江两岸悬崖崩塌，堵塞岷江，形成11个大大小小的地震堰塞湖，使周围多个羌寨被淹没。45天后，暴雨与余震触发160米高的堰塞湖坝体溃决，由此引发的特大洪水使岷江下游2万多人遇难。1786年6月1日，位于康定与磨西之间的雅家埂附近发生了7.75级地震，在汹涌的大渡河上形成堰塞湖坝体，河水倒灌百余里，到了6月10日，坝体溃决，死伤十余万人。

2008年5月12日的汶川地震形成的最大堰塞湖是位于湔江北川上游约5千米处的唐家山滑坡造成的堰塞湖。唐家山滑坡体的主要成分是倾角较大的、互层的、风化严重的片岩、板岩和砂岩，地震时岩石发生顺层滑动，跌落湔江，形成宽约800米、高80米～120米的堰塞坝，阻塞了湔江，使得水位上升到743.1米。所幸人工开挖及时，从6月10日开始泄洪，水位下降，消除了溃坝的危险。

具体来说，影响地震堰塞湖坝体稳定性与寿命的因素主要有：坝体的坚固程度、河流水流强度与卸载能力、区域构造的稳定性等。坝体的坚固程度又取决于筑坝材料的岩性与成分、块体的大小及其分布、块体之间的胶结程度等。以细颗粒泥沙为主要成分的坡积物形成的堰塞湖坝体的稳定性最差，而由各种不同大小坚硬岩块混合堆积的堰塞湖坝体的稳定性高，小石块充填到大石块的间隙中，趋于形成最紧密堆积的结构，不规则形状的石块彼此锁牢，提高坝体的稳定性。随着时间的推移，易溶物质（碳酸钙）沉淀并充填岩块间隙与颗粒间隙，起到良好的胶结固化作用，增强坝体的抗冲刷能力。所以，极个别地震堰塞湖坝体可以在相当长的时期内稳定，如新西兰的怀卡雷摩瓦纳（Waikaremoana）古堰塞湖，已经保留了上百年之久，后来还被人工加固，改造成大型的水电站。再比如，西安城南30多千米处的秦岭山脉终南山北麓的翠华山天池亦是一个地震堰塞湖，由公元前780年秦岭北缘断裂发生的大地震引发花岗岩山体崩塌所致，历经近2800年，依然稳定如故，现已成为西安附近著名的旅游景点。

堰塞湖坝体在溃决过程中，往往发生下列过程：从溃口底部带走泥沙，坝体下面形成滑移面，溃口边坡发生塌方，裂隙点改变，坝体下游面脱落等。一旦在坝体下面形成滑移面，就会导致坝体的突然溃决。

地震堰塞湖坝体对河谷地貌演化有重要影响。叠溪古地震堰塞湖，有效地削弱了岷江主河道的水流能量，减缓了河流对叠溪镇上游的河道侵蚀，使得叠溪镇上下表现出明显不同的河谷地貌，可见，大型堰塞湖的存在对河谷地貌的塑造能力确实让人惊叹且值得深入研究。

⑦ 海啸

2011年3月11日发生的日本本州岛海域地震中，90%的遇难者不是因为建筑物倒塌造成的，而是因为海啸。这次海啸的跨洋运动速度约724千米/时，到达本州岛时海浪的速度还有402千米/时，最大浪高38.7米，而当地海堤只有9米高。海啸卷着浑浊巨浪咆哮着如脱缰野马冲到陆地城区、机场、火车站（图3-6）。仙台市区在海啸侵袭后遭受严重的水灾，多数居民被迫撤离。仙台机场跑道大部分被淹，只留下航站楼。海啸几乎冲毁其途经的一切，并对福岛核电站造成了冲击，周围数十万居民紧急疏散。

一般来说，由海底走滑断层造成的地震不产生海啸，只有海底逆断层或正断层上发生的地震，才能产生海啸，因为地震造成岩体突然上升或下降，从而扰动水体。在海底形成巨大同震破裂与垂直位移的、震级高的浅源地震最能形成破坏性海啸。

综上所述，中外在抗震减灾方面至少给我们如下启示：无论城镇还是乡村建设，都要对自然环境进行评估，学校、医院、民居、办公楼等一定要避开地震活动断裂带，要避开复杂地形与地貌（如陡坡峭崖和狭窄河流谷地等）、新老崩塌体和滑坡体、地下溶洞或砂土液化等不良场地。石灰岩地区地下溶洞容易产生塌陷地震。

人类无法阻止地震，目前的科学技术水平尚无法准确预报地震发生的时间、地点和震级，我们可以做的就是积极防范，提高建筑物的抗震设防标准，使用优质建筑材料，采用合理的建筑技术（例如，加强构件之间的连接，提高其整体性、承载能力与应变能力等），确保建筑质量。学校等公共建筑的楼梯及其两边的墙

图3-6　2011年3月11日，日本本州岛海域地震引发的海啸

◇ a 为海啸越过海堤进入居民区。b 为海啸冲垮火车站。c 为海啸让平时不在一起的飞机、汽车、木材等物体挤到一起。d 为海啸让停车场上汽车呈叠瓦状排列。e，f 为海船上岸，甚至冲到楼顶。g 为地震与海啸引发火灾。

体必须用粗钢筋和高强度混凝土现浇，要厚、要结实，要保证大震中即使楼房其他地方倒了，但楼梯间不倒，以确保房中人不仅可以跑出房间，还能从楼梯顺利地下楼，逃到室外。

第四章

地震危险的
组合与设防

①　地震、滑坡、堰塞、洪水

　　世界上几乎每一个民族都有与洪水相关的传说故事。我国古代的书籍中就记载了远古时期发生灾难性大洪水的传说，最著名的莫过于"大禹治水"。西汉扬雄在《蜀王本纪》中记载："禹生石纽"，唐代司马贞在《史记索隐》中记载："禹为西羌，生于茂州汶川"，都是说大禹出生于四川省龙门山地区。大禹的父亲鲧原来是防洪治水的官员，但由于治水效果不佳，被杀了。后来，禹继续父亲的工作，他聪明、能干、敬业，治水成效好，使百姓安居乐业，于是舜就将帝位传位给禹。大洪水还出现在"女娲补天"的神话故事里。近年来，考古学家发现山东龙山文化的衰落以及长江三角洲良渚等古文化的消亡均由大洪水造成，而这些区域性的地质灾害很难用全球气候与环境变化予以合理解释，而更多的地质与考古证据却证明局部性的大洪水与强烈地震、异常洪水等地质灾害密切相关。

　　近年来，地质学与考古学的综合研究为现代人认识地震及其次生地质灾害给人类带来巨型灾难提供重要佐证，而了解史前发生的灾害过程又会为我们认识现代及未来的自然灾难提供更为广阔的视野，为我们正确把握人类在地球上的角色，为我们选择更合理的生存方式与居住环境提供有益的启示。

　　成都平原从近5000年前的宝墩村文化开始，先后有三星堆文化、金沙文化、十二桥文化、新一村文化、青羊宫文化，最后在公元前316年秦灭蜀后才逐渐融入秦汉文化之中。

　　无论三星堆还是金沙遗址出土的文物，目前学者认为这些物品皆用于祭祀大典，非一般百姓与普通官员所能拥有，并将其解释为古蜀国的宗庙祭品。金沙遗址位于三星堆遗址东南约50千米处，后者比前者早1000多年，代表了古蜀的一次政治与权力中心的转移，而且转移方向自河流的上游转向下游。

是什么原因使得古蜀人突然迁移其政治与权力中心，而毁弃其宝物？有学者猜测，三星堆作为国家宗庙毁于3000多年前一场大火，大火烧毁了尊贵的宗庙，那些没被大火烧毁的青铜器、玉器和象牙则被三星堆人认作不再适合做奉献给祖先与神灵的祭品，于是在河边挖了两个坑，把这些"失灵"的祭品埋入地下。另外有学者估计三星堆与金沙遗址作为国家宗庙皆毁于战争。问题是，为什么战胜者没有将这些宝物作为战利品运回，以炫耀其胜利？

上述人文的解释忽略了一个重要线索：无论三星堆还是金沙遗址，其上皆有几十厘米的洪水淤泥层，其原因很可能是龙门山断裂带地震造成山体崩塌、堵塞江河，之后，堰塞湖溃坝导致下游发生大洪水，灾难突然降临，三星堆与金沙遗址的宝物被洪水与泥石流瞬间掩埋。

近年来科学家实地考察发现，岷江支流雁门沟、沱江支流湔江及其上游支流白水河具有特殊的河流地貌，湔江为断头河，雁门沟为反向河，在光光山一带保持大规模滑坡遗迹，从而判定3000年～4000年前的岷江不像现在这样从汶川县城向南流经映秀镇，然后经过都江堰进入四川盆地，而是在汶川县城的北面进入雁门沟，穿越光光山，沿今白水河经龙门山镇、丹景山镇进入湔江，再往下游进入沱江。大约3500年前，龙门山断裂带上突然发生了一次大地震，导致山崩与滑坡，岷江在光光山峡谷被堵塞。不久，堰塞湖溃坝导致下游遭受了大洪水，泥石流迅速掩埋了三星堆遗址。再后来，在公元前1100年左右，龙门山断裂带上又发生了一次强烈地震，这次地震导致的山崩与滑坡更加严重，使得光光山峡谷彻底被堵塞，岷江不得不改道，沿着杂谷脑河一路向南经映秀镇，然后转向东，经过都江堰出玉垒山口进入四川盆地。从此之后，光光山以下的古岷江几近枯竭，如此自然环境的重大变迁对古蜀人来说无疑是个毁灭性的打击，他们被迫把国都迁往成都西边的金沙遗址，用玉垒山口涌出来的新岷江的水灌溉农田，再次创造了四川盆地上高度发达的农耕文明。

可是，龙门山断裂带上每隔几百年或上千年就会发生一次大地震，公元前481年左右发生的大地震造成岷江映秀段堵塞，堰塞湖溃坝导致的大洪水从玉垒山垭口喷出，洪水冲积的泥沙掩埋了金沙遗址，导致金沙文化的消失。《蜀王本纪》记载："时玉山出水，若尧之洪水，望帝（即蜀王杜宇）不能治，使鳖灵决玉山，民得安处。"《华阳国志·蜀志》记载："会有水灾，（望帝）其相开明决玉垒山以除水害。"这些典籍中提到的"玉山""玉垒山"就是如今都江堰的玉垒山。

试想一下，2008年的汶川地震，如果不是现代科学技术、交通与通信的发达以及举全国之力的救援与灾后重建的援助，对于映秀与北川这些地方可能又是一次文明的消失以及三星堆与金沙悲剧的重演？汶川地震造成了唐家山堰塞湖，如果地震堰塞坝更大更高，而人类又没有重型机械开渠引流的话，北川县城曲山镇之下的湔江就会因此断流，而堰塞湖会越积越大，最后湔江就会改道从巴郎山林场的西南侧流向茶坪—桑枣河。人类必须学会敬畏自然。

2001年成都金沙遗址出土了一件金箔，外径12.5厘米、内径5.29厘米、厚度0.02厘米，重量20克。器身极薄，图案采用镂空方式表现，分内、外两层，内层是一个沿顺时针方向旋转着的旋涡，外层由4只沿逆时针方向飞行的白鹭组成。4只白鹭首足相接，朝同一方向飞行，与内层旋涡旋转方向相反。四川省成都市金沙遗址博物馆将这件金箔解释为"太阳神鸟"，认为"该器生动地再现了远古人类'金乌负日'的神话传说故事，4只神鸟围绕着旋转的太阳飞翔，周而复始，循环往复，生生不息，体现了远古人类对太阳及鸟的强烈崇拜，表达了古蜀人对生命和运动的讴歌"。而笔者却是这么理解的：金箔内层旋涡代表猛烈大洪水的来临，外层代表大洪水来临时人们幻想能像白鹭一样迅速逃生。4只白鹭"首足相接"代表人们相互帮助，集体逃生。4只白鹭（渔牧民族人民）"向着与旋涡旋转的相反方向"代表人们奋力逃避大洪水。金沙古国人民敬畏自然，由此可见一斑。

白鹭是四川常见的野生动物，居住成都的杜甫曾有诗云："两个黄鹂鸣翠柳，一行白鹭上青天。窗含西岭千秋雪，门泊东吴万里船。"西岭即龙门山。龙门山内河流分布和转弯皆受右旋逆冲断裂影响，落差大，水流急，旋涡多。金沙遗址出土的金箔内层"旋涡"由12道等距离分布的象牙状的弧形旋转纹组成，代表一年十二个月的任何时候都可能发生地震和洪水，天灾不可测。金箔外层4只白鹭的"4"可能代表四面八方，也许还有一年四季之意。无论何时，地震来了，洪水来了，四面八方的人都要逃难。综上所述，这个图案可以去申报中国减灾事业的标志。

到过四川省北川县的人都知道，湔江从西边漩坪向东流到北川老县城曲山镇，突然来了个"V"形大转弯，沿着茅坝—沙坝—马滚岩，即沿着龙门山主中央断裂带向东北通河口方向流，然后转向东南方向经小羊滩，去了桃树坪，再经通口镇—九岭镇，最后并入涪江。然而，历史上的湔江可不是这么流淌的，而是从北川县城曲山镇向南流到下游的任家坪—擂鼓镇—安昌镇—黄土镇—安县县城—永兴镇，即沿着现今的安昌河，然后并入涪江。为什么现在的湔江在北川老县城曲山镇那里来了个大拐弯、不走近路反而绕道而行呢？换句话说，为什么湔江历史上要改道呢？这一切都与龙门山主中央断裂的地震活动有关。

从前，北川境内的龙门山断裂带曾发生过一次巨震，地震造成任家坪—擂鼓镇一带发生巨量的山崩与滑坡，碎石沙土滚进湔江，形成很长很宽的碎石坝，上游来的湔江水在北川老县城曲山镇形成巨大的堰塞湖，但是任家坪—擂鼓镇一带碎石坝太大了，溃决不了，堰塞湖水只好改道先向东北通河口方向流动，然后转向东南去了桃树坪，再经通口镇—九岭镇，然后并入涪江，形成目前我们所见的湔江曲径。从此，任家坪与西山坡的水就不再往东流，而是向西南流，进入北川曲山镇，再灌入湔江。在5·12汶川特大地震纪念馆开挖地基时，出现一层层古泥石流的遗迹，说明曲山镇—任家坪—擂鼓镇之间的山沟本来就是一条由古地震引发的泥石流淤实的古河道（图4-1）。任何新的建筑特别是大型的公共设施（如医院、学校、博物馆等）都应该避开活断层，否则，一旦强地震来袭，后果不堪设想。

2009年9月28日西山坡泥石流

5·12汶川特大地震纪念馆

湔江古河道

北川任家坪

图4-1　曲山镇—任家坪—擂鼓镇之间的山沟本来是湔江的古河道

考古学家研究了成都平原上的宝墩、鱼凫古城、芒城、三星堆遗址、金沙遗址、成都北门外驷马桥羊子山人造巨型土台（祭坛）等多处遗址后，惊奇地发现：不同时代的古建筑的长边方向皆北偏西约45°，三星堆的祭坑和金沙古墓的纵向亦是这个方向。古墓中，金沙人的头部一律朝着西北，这样的排列方式应该是古人的刻意所为。就连成都古城墙及市内主要街道的定向也是北偏西约45°。中国文化中古城的建筑朝向基本都是正南北方向，如北京、咸阳、洛阳、开封等，唯独成都盆地里的古蜀国例外。据说，司马迁在《史记·西南夷列传》中就已经注意到这个奇怪的现象，但是没能给出答案。

据记载，春秋末期（约公元前4世纪），古蜀国第五世开明王"自梦郭移""徙治成都"，将都城从广都樊乡（今双流县）迁往成都，构筑城池。成都之名取周王迁岐"一年成邑，二年成都"之意。公元前316年，中原的秦国对富庶的古蜀国虎视眈眈，秦惠文王借巴、蜀互攻之机，派司马错率军沿石牛道穿越秦岭入蜀，数月之间便攻占整个蜀国，蜀地纳入秦国版图。此后，秦王三立三废蜀侯，终置蜀郡，定郡都于成都。蜀郡首任郡守张仪主持修筑成都城。公元前256年，秦昭襄王任命李冰为蜀郡郡守，任内李冰主持修建了都江堰水利工程，使得成都平原从此沃野千里，"水旱从人，不知饥馑，时无荒年，谓之天府"，至今仍在造福人们。问题是，既然由秦相国张仪按照咸阳城的格局修建成都城，按理说应该不会再有北偏西45°的情况出现，然而结果恰恰相反，不仅成都城墙，而且城内主要街道也都是北偏西方向了。为什么深受中原文化熏陶的张仪筑城时也选择北偏西的方向，难道他被倔强的蜀人说服了？

从平面上看，大多数房屋呈长方形，其短边方向称为房屋的朝向，即房屋正门的朝向。在建筑工程学中，短边方向称为房屋的横向，长边方向称为房屋的纵向。由于冬半年直接采光需要，在不受地形、占地面积或其他因素限制时，人们自然而然地会选择房屋朝向为南北向。成都盆地里，从古至今人们一直选择建筑与房屋的纵向为北偏西45°，这是为什么？对于这个问题，人们百思不得其解。

2008年汶川地震之后，地质与建筑专家深入地震灾区考察，有了惊人的发现：在相同结构与建筑质量的情况下，那些长边平行于北偏西方向的房屋的抗震能力提高近3度。原来，房子的抗震强度还与朝向有关，原因如下：威胁成都盆地房屋稳定性的强烈地震大多发生于盆地西边龙门山断裂带上，而龙门山断裂带的走向是北偏东45°左右，那些纵向北偏西45°、垂直于龙门山断裂带的建筑与房屋，就像船头迎浪不易翻一样，迎着地震来波方向，房屋承载构件（柱子、墙）抵抗着来自地震波动作用造成的附加力。地震波发自龙门山断裂的断层面，而那些垂直断层面恰恰是震源机制解的中和面，其上震动最小。可见，蜀人聪明地选择北偏西45°的建筑与房屋的纵向，是遭遇无数次地震灾害之后经验的总结与科学的英明决策。

从长江的演化也可以看出地震与河流迁移的关系。

谁都知道长江对于中华民族发展的重要性。中国大陆境内1平方千米以上的自然湖泊有77%分布在长江流域，整个长江水系的流域面积高达180万平方千米，而这些地方正是居住人口密度较大的区域。

长江的上游是金沙江，具体是指从青海玉树县巴塘河口至四川宜宾市岷江口这一段，全长约2308千米。从地图上看，金沙江流出青海后，经西藏再从德钦县进入云南境内，它与澜沧江、怒江一起呈"三江并流"之势，在横断山脉的高山深谷中向南穿行。然而到了丽江市石鼓镇之后突然来了一个约100°的急转弯，掉头折向东北的虎跳峡，形成罕见的"U"形大弯，人们称此为"万里长江第一湾"。要不是这一转头，长江恐怕是要流入印度洋而不是太平洋了。

金沙江为什么没有像澜沧江与怒江一样自北向南流入印度洋，而是舍近求远、掉头急转向东，穿越大半个中国，最后直到上海附近才流进太平洋的边缘海——东海？中外科学家经过实地考察后认为，金沙江本来与云南的红河是一条河流，即金沙江自西北向东南由石鼓经剑川—乔后—漾濞—巍山，进入红河，经河口—老街流入越南境内，最后进入南海。那时候的金沙江与现在的怒江、澜沧江、缅甸的恩梅开江相似。现今依然清楚的宽阔的剑川谷地与阶地地貌不是一条小河所能形成的，而是古时候金沙江流经此地留下的地貌遗迹。后来一次或几次大地震造成石鼓附近的山体崩塌，堵塞了金沙江，使得金沙江不得不改变方向从哈巴雪山与玉龙雪山之间的虎跳峡流向东北方向流到拉伯，然后转向南，在涛源处与自东北流来的雅砻江汇合，一起向南流经弥渡，进入红河，然后流入南海。虎跳峡东西长约20千米，最大垂直落差达3900米，是长江上最著名的峡谷。后来，鸡足山附近又发生一次或几次大地震，发生的山体崩塌在涛源附近堵塞了南去的金沙江，造成金沙江"逆袭"雅砻江，从此以后金沙江就从涛源向东北方向的攀枝花流去了（图4-2）。

形成于地形陡峭山区的堰塞坝的地震不过是整个青藏高原隆升过程的一部分。金沙江东面的雅砻江、大渡河、金沙江的交角近乎垂直，亦说明雅砻江、大渡河、金沙江成因上的内在联系一样曾因地震堰塞坝而发生袭夺。此外，有地质证据表明约120万年前自北向南流动的雅砻江到达现今攀枝花市的位置之后转向西南，经弯碧—涛源—弥渡，进入南去的金沙江，与现今攀枝花—弯碧—涛源段的金沙江流向相反。

即使上游没有地震发生的稳定时期，长江每年都要挟带约4.86亿吨泥沙入海。若长江上游发生强震，则江水挟带的沉积物会成倍增加，上述地质过程逐渐形成长江三角洲。科学家曾对长江三

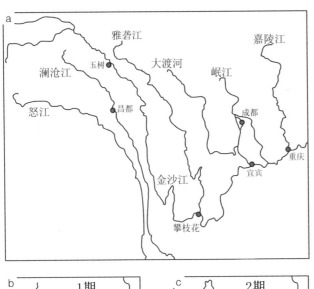

图4-2　金沙江水系的袭夺

○ a 为青藏高原东南缘水系发育情况。在印度洋板块向北运动的推挤作用下，青藏高原东南缘物质绕南伽巴瓦附近的东构造节做顺时针旋转，三江（怒江、澜沧江、金沙江）从近东西向转为南北向并流。b, c, d, e 为系列地震造成金沙江水系的袭夺过程。

角洲进行钻孔采样研究，他们发现118万年之前与之后的沉积物的化学成分不一样。118万年之前的沉积物来自附近的二氧化硅含量高的酸性岩石，说明当时沉积环境尚是区域性的小河，沉积物是就地取材，搬运距离短。118万年之后的沉积物来自远方的二氧化硅含量低的基性岩石，证明这时的长江已经发育成为以青藏高原为源头的巨大河流体系。

科学家还对位于湖北省中南部的江汉平原的冲积物质进行磁性研究，以确定其物源的差别。他们发现距今118万年前后的沉积物的磁学性质明显不同，钻孔岩芯中粗粒成分和磁性矿物成分的含量均明显增加，同时沉积物的磁化率、饱和等温剩磁、非磁滞剩磁磁化率也突然增加，表明距今118万年前后江汉平原的沉积环境与物质来源均发生了重大的变化，造成这种变化的原因就是系列大地震造成的金沙江的袭夺与长江三峡的贯通。所以，金沙江从118万年前开始向东流。

一旦我们了解地震、滑坡、堰塞、洪水等地质灾害对人类文明的影响之后，就别有一番滋味在心头。我们居住的这个星球，随时有可能山崩地陷，天灾降临，摧毁我们辛苦建设的家园，夺走我们的亲人，置我们于困境。

在大自然面前，我们要认识到自己的软弱和渺小，承认自己的无知和愚昧，保持谦卑的态度，不忘初心，充满敬畏之情。我们要反省，要学会和大自然和谐相处。法国著名思想家帕斯卡尔曾说过，人是一根能思想的苇草，即使死了，也要活着。

② 公共建筑的抗震设防尤为重要

钢筋混凝土很硬、很坚固，但是还要有好的力学结构，楼房才能抵抗地震的颠覆。

灾难是一面镜子，人们在巨大的恐惧、震惊、悲痛、绝望中要更加理性地反思，人性中的勇敢、坚强、刚毅、善良和无私等品质像一束束强光刺破灾难中黑色的夜空。自2009年起，每年5月12日为全国"防灾减灾日"，每年在4月底至5月中旬，全国各地开展防灾减灾宣传教育活动，向公众普及灾害常识、防灾减灾知识和避灾自救互救技能，进行防震救灾演习，所有活动的目的就是要全面提高全社会防范风险的意识、知识水平和避险自救能力。

1993年联合国确定的"国际减灾日"将主题定为"减轻自然灾害的损失，要特别注意学校和医院"。2007年10月10日是第18个"国际减灾日"，其口号是"减灾始于学校"。学校通常被认为是最安全最坚固的地方，常常被指定为临时避难所和抗灾中心，因为学校和医院这类公共建筑的抗震设防比当地普通住宅高1度，而且采用轻型屋顶，既有紧急逃生通道，又有储藏食品和药品的库房。我们要汲取人类共有的抗震减灾智慧，校园、医院、大型商店等公共建筑不仅要远离活动断裂带，能建低层的绝不要建高层，而且要确保其建材抗震强度和施工质量。

抗震设防要真正落实到实际行动中，做到建筑设计有人审，建筑材料有保证，施工质量有核查。大量的地震事例表明，设防与不设防，效果大不一样。现在不妨举几个例子来说明抗震设防的必要性和重要性。

智利瓦尔帕莱索市的建筑物是按地震烈度8度设防的，1983年这里发生7.8级强烈地震，100万人口的城市仅造成150人死亡，这充分表明城市抗震设防的重要性。

1995年日本的大阪、神户发生7.3级地震，导致近6000人死亡，20余万幢房屋倒塌破坏，震后调查表明，遭受严重损坏的建筑物都是未能按照1981年修订过的日本抗震规范修建的，而按照新的日本抗震规范修建的建筑物基本安然无恙，充分显示了城市建筑物抗震设防的标准和规范要不断提高、不断更新。

1923年9月1日，日本相模海湾海底发生一次8.3级地震，使80千米之外的东京和横滨一片废墟，紧接着大火和海啸席卷而来，让繁荣的都市成为人间地狱，造成14多万人死亡，全国近$\frac{1}{20}$的财产化为乌有。1987年日本东京又遭受一次大地震，但是按照新的日本抗震规范修建的建筑物基本安然无恙，只有几十人伤亡。

阿根廷圣胡安市1944年发生7.8级地震，城市毁坏严重，并导致5000余人死亡。震后重建时，采取了设防措施，城市总体上按地震烈度8度设防。1977年这里发生7.4级地震，造成70人死亡。城市建筑物的抗震设防为抵御地震灾害发挥了重要作用。

在四川省绵竹市，从汉旺镇去金花镇的路旁有个马尾村敬老院，这是一座红顶白墙、两层天井式楼房，在汶川地震中毫发无损。离都江堰市向峨乡不足2千米的海虹小学震后也没有遭到任何结构性破坏，连大的裂缝都没有，完全可以继续使用。汶川地震中，像这样屹立不倒的建筑还有不少，比如都江堰市的北街小学、汉旺镇的东汽幼儿园等。

联合国前秘书长科菲·安南先生在1999年7月"国际减轻自然灾害十年计划"的总结大会上曾经说过："我们应当把灾后救援的观念转变为灾前预防，因为灾前预防不仅比灾后救援更人道，而且比灾后救援更经济。"

③ 汶川地震，一本地质和建筑的教科书

世界上大多数地震发生在洋底（如2011年日本本州岛海域地震），地震来无影去无踪，地震地质学家无法调查其踪迹。大陆上许多大地震又发生在荒无人烟的高原（如2001年8.1级的东昆仑地震）和沙漠，研究地震的专家难以到达那里调查研究。

2008年的汶川地震发生在人口相对密集、交通方便、靠近省会大城市（成都）和众多中等城市（绵阳、都江堰、德阳、彭州

等）、旅游业发达的龙门山地区，这里位于青藏高原的东缘，是世界上著名的大陆板块内逆冲兼具右旋走滑性质的造山带。汶川地震是世界上迄今为止在大众可抵达地区留下地表破裂带最长、构造变形现象（同震地表破裂类型，几何结构，破裂宽度，位移分布，地震次生灾害如山体崩塌、滑坡塌方、泥石流等）最丰富、最典型、最具特色的一次地震。加之龙门山作为青藏高原的东缘长期以来一直是国际地学界争论的焦点地区，是公认的研究高原隆升与地壳构造变形过程的理想之地。

所以，汶川地震是地质学史上一次重大的事件，它不仅为中国乃至国际地质学界研究地震地质和建筑学界研究抗震工程提供了新的研究资料，而且为普通民众包括中小学生防震抗灾的科学普及提供一个天然的课堂与博物馆。

汶川地震留下大量的地震遗址遗迹，概括起来主要分三类：地震地质遗迹、建筑震害遗址和地震遇难者公墓。前两者是研究大陆地震的主要素材，极具重要的科学意义，可反映极震区和宏观震中的岩土响应与变形特征、地震断层的运动特征、地震断裂在地表的破坏方式和破坏强度等。

地震地质遗迹主要包括：（1）地表破裂、断层陡坎、河流阶地、地裂缝、挤压脊或鼓包、错断山脊和断陷塘等。（2）地震引起的地形地貌的变化，如山体崩塌（包括崩塌巨石）、滑坡、泥石流和堰塞湖等。

建筑震害遗址按规模与层次可划分为震毁城市整体遗址、震害建筑群、震害单体建筑、震害特征或特殊建筑等。

地震断层陡坎中挤压推覆（逆冲）陡坎是汶川地震地表破裂带发育较普遍的一种与逆断层作用相关的陡坎，逆断层从上盘向下盘强烈推覆，使地面出现倾斜或连续弧形弯曲变形而形成陡坎的改变地貌的现象。陡坎的出现说明地震造成在垂直陡坎的方向上地壳的缩短。

地震形成的断层陡坎可分为以下四类（图4-3）：

褶皱陡坎（图2-9，图4-3b）。通常逆断层尚未完全出露地表，逆断层以上的地面呈弧形弯曲。一般而言，上盘抬升量越大，弧形弯曲现象越明显，在许多地段可出现陡倾、陡坎下部甚至局部倒转现象。褶皱陡坎上生长的树木与庄稼等常随地面弧形弯曲在陡坎顶部出现倾斜，向陡坎下部倾斜程度逐渐加大，直至平卧在下盘地面上（图4-4b）。中国地震局地质研究所徐锡伟研究员非常形象地将断层陡坎上倾倒的树木称为"醉汉林"。褶皱陡坎是尚未出露地表的逆断层错动在其上断点或近地表形成的断裂扩展褶皱。

膝折陡坎（图4-3c）。通常逆断层出露地表，倾斜面近乎为一平面，这类陡坎常见于水泥路面或比较坚硬的地面（图4-4a）。

逆冲陡坎（图4-3d）。断层上盘向上逆冲，地震造成断层上盘尖部位置上的岩土悬于空中。这种陡坎很难保存，因其极不稳定。暴雨之后，上盘顶部常常垮塌形成垮塌陡坎。垮塌陡坎的倾向与逆断层面的倾向相反。都江堰市虹口乡八角庙附近可见到这类逆冲陡坎（图4-5）。

叠覆陡坎（图4-3e）。上盘沿着低倾的断层面向上、向前逆冲推覆，形成鳄鱼嘴状陡坎。这类陡坎主要出现在桥头水泥混凝土路面或其他水泥路面，断层上下盘之间的重叠量（缩短量）最大的可达几米。典型的叠覆陡坎可见于都江堰市虹口乡高原大桥的西桥头和北川县城夏禹大桥的西桥头（图4-6）。

感兴趣的读者可以在下列地方见到汶川地震的断层陡坎。

都江堰市虹口乡八角庙附近，逆断层陡坎，逆断层面直接出露地表形成陡坎。

都江堰市虹口乡深溪沟村七组，挤压推覆陡坎，走向北东35°～40°。地震断层在地表的位移很大，水平位移5米，垂直位移4.8米。

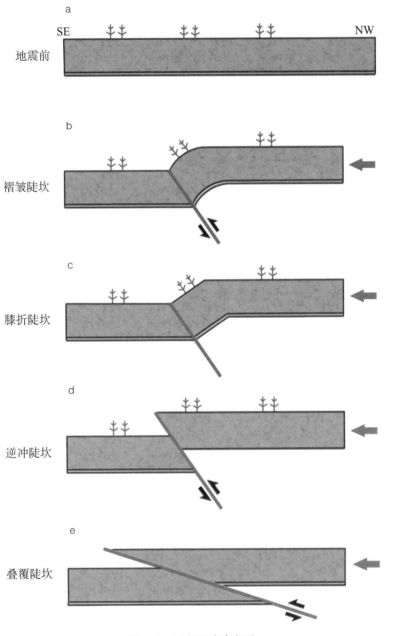

图4-3 逆断层陡坎类型

图4-4　都江堰市虹口乡深溪沟村

图4-5　都江堰市虹口乡八角庙附近的高角度逆冲陡坎

◇ a为汶川地震形成的膝折式断层陡坎。b为"醉汉林"，地震造成断层陡坎上的树木倾斜或倒伏。

◇ a为北西盘相对于南东盘抬升4.3米，断层面上擦痕和阶步都很明显，指示倾滑逆冲运动。b为垮塌陡坎。逆冲陡坎极不稳定，上盘顶部常常垮塌形成垮塌陡坎。（据李海兵等，2008）

图4-6　叠覆陡坎

◇ a为北川县城夏禹大桥西桥头。b为都江堰市虹口乡高原大桥西桥头。

都江堰市虹口乡八角庙逆冲陡坎的断层面上可见垂直和水平两个方向的擦痕。

汶川县映秀镇北的岷江西岸，水泥路和柏油路都形成挠曲，褶皱陡坎走向北东60°，垂直位移为2.3米～2.8米，水平缩短量为0.23米～0.25米，断层倾角约86°。

汶川县映秀镇交警支队北侧柏油公路形成褶皱陡坎，走向北东70°，垂直位移是1.75米，水平缩短0.12米，断层倾角86°。

映秀镇西南侧公路，地表压缩，公路沿走向被推起；东北侧滨江路公路，被错断拱起。

彭州市白鹿中学的褶皱陡坎，断层两侧地面垂直位移2.0米～2.2米。

第五章

地　球
与　人

地球已经有46亿年的历史，而人类则是非常年轻的物种。每个人的一辈子不过就是几十年，最多一百多年，生命之短暂造成了一种人类时间感上的狭隘，我们对古老行星的运转与演化知之甚少。

① 地球：一个活跃的星球

"世界屋脊"喜马拉雅山脉发现深海鱼的化石，茂密森林变成埋在地下几千米的煤海，沧海桑田，海陆变迁……无不是地壳构造运动的结果。哪一座山的隆起不是靠无数次地震实现的？每次大地震，逆断层往前走几米，山向上长几米，经过许多次地震，山就逐渐形成了。如今，喜马拉雅山脉还在升高，龙门山还在升高，祁连山也在升高。在前后两次地震间隔期间（地震休眠期），地壳构造运动十分缓慢，一般人并不觉察，科学家用精密的仪器才能测量到地面运动的方向和速率。

地球是一个构造作用非常活跃的星球，地震是地球村的一员，而且在人类到来很久之前就已经存在了。地球已有46亿年的历史，地震在地球上存在的时间至少已有44亿年～45亿年了，地球冷却有了脆性地壳，在应力作用下就会在岩石中产生脆性断裂，于是就有了地震。地震是地球的一声叹息，却让人类承受痛苦。

地球上每年发生地震约500万次，其中人能感觉到的有5万次左右，可能造成破坏的地震约1000次，其中约20次7级或7级以上的地震可能造成严重的破坏。8级或8级以上的地震平均每年只有1次，而且常常发生在洋底海沟俯冲带。人类历史上记录到的最大的地震是发生在1960年5月22日下午3时的智利大地震，9.5级（矩震级），并在一个月之内又发生2次大于8级、10次大于7级的余震。地震造成约1万人死亡，山体滑进瑞尼湖，使湖水淹没了瓦尔迪维亚城，造成全城100万人无家可归。

用一把巨锤狠狠地敲击大钟，大钟共振产生的余音会持续几十秒。同样的道理，智利大地震之后，地球在宇宙中晃荡了42天。智利大地震还触发了6座火山喷发，引发了海啸——平均高达10米、最高达25米的巨浪以850千米的时速横扫了太平洋，遥远的夏威夷和日本分别有56人和138人遇难，航行中的日本渔轮被巨浪掀到陆地的房顶上。

1969年至1972年期间，美国"阿波罗"号的宇航员把地震仪带到月球上，测到月球上居然也有"地震"，不，应该叫"月震"。1976年美国用探测飞船给火星运去一台地震仪，发现火星上也有"地震"。看样子，"震动"是行星和卫星的共同特征。

在过去500年中，地球上有约800万人死于地震。在20世纪的100年中，死于地震的人数就高达100万。进入21世纪之后的16年时间里，地球上已发生7级或7级以上的强震近百次，造成近60万人死亡。例如，2004年12月26日晨7时59分，印尼苏门答腊岛北部附近海域发生特大地震并引发海啸，造成印度洋周围近30万人死亡，其中印尼有近24万人，斯里兰卡有3万多人，印度有近2万人，泰国有近9000人。此外，缅甸、马尔代夫、马来西亚、坦桑尼亚和肯尼亚也都有人员伤亡。

全球特大地震除分布在大洋和大陆板块边界以外，相当一部分在大陆内部。地震断裂活动方式以逆冲断裂、走滑断裂和正断裂为主；在逆冲地震断裂中，中国台湾集集地震的车笼埔断裂具有低角度逆冲兼左行走滑性质，而四川汶川地震断裂为特殊的高角度逆冲兼右行走滑性质。

②— 祸福相依

　　打开世界地图，我们就会发现大多数人口密集的地区也正是地震相对频发的地方。例如，美国的加利福尼亚州、加拿大的温哥华地区、南美的西海岸、日本和中国台湾。居住在这些地方的海边，不仅可能受灾于地震，而且还可能遭遇海啸（图3-6）。为什么人们会选择地震多发的地方居住呢？原来，"灾区"和"福地"是一枚硬币的两个面。会发生地震的地方往往是地势起伏强烈、山清水秀、云霞低垂、植物清华、气候温润、空气新鲜、自然景观美不胜收的地方，舒宜常有，而震灾不常有，毕竟地震的休眠期（间歇期或复发周期）比发作期长得多。

　　大众观光旅游的自然景点往往以"雄山、秀水、幽林、怪石"而闻名遐迩。我们在游玩中，一定要知道这些地方是否曾经发生过地震或其他地质灾害，说不准现在还有发生强震的可能。到过四川叠溪海子—松坪沟的游客，无不为其"雄奇宁静的大山、碧绿娇美的海子"而赞叹，其实它是1933年8月25日7.5级叠溪地震形成的岩崩—滑坡堆积河道所致的堰塞湖，它长1万多米，宽200米～600米，面积3.4平方千米。这个堰塞湖由大小不一、上下相连的两个海子组合而成，大的叫大海子，小的叫小海子，两者之间是一段波浪翻滚的激流。地震那一天是农历七月初五，再过十天就是川西古镇叠溪一年一度的城隍庙会。1933年8月25日下午3时50分，地动山摇，断层开裂，位于岷江东岸一级台地、建制于唐朝的千年叠溪古镇陷落湖底，悬崖崩塌覆于其上，堵塞岷江，使方圆20多个羌寨被淹没，形成11个堰塞湖。叠溪地震以及由此引发的洪水使2万多人魂归九泉。1934年，地质学家常隆庆到达叠溪的地震灾区，开展了发震断裂及其震害的考察，为后人留下一本《四川叠溪地震调查记》。1983年，四川省地震局组织调查，在地震过后50年绘制了叠溪地震的等烈度图，并出版了

《1933年叠溪地震》一书，成为研究川西高原地质与地震的重要史料。

九寨沟的树正群海也是由历史上的大地震造成的。山体崩塌形成的大大小小二三十个堰塞湖，当地人称之为海子，这些海子呈梯田状，前后连绵数里，上下高差近百米，湖水在树丛中穿流，跌落形成叠瀑，激起银色的浪花，喧闹着直奔下游而去。一路碧水，一路瑶池，群海高低有序，色彩层次分明，真是人间仙境。岷江断裂带是川西北一条重要的地震活动断裂，它呈近南北向，从九寨沟自然保护区中通过，每时每刻都有发生强震的危险。

③ 爱走弯路的河流

自然界的河流喜欢走弯路，请看图5-1。

在地质学中，这些像蛇一样扭曲的河道，叫曲流，常见于冲积平原或构造稳定的地区。在基岩出露的活动造山带，河流往往受地质构造控制，例如前面讲过的地震堰塞坝可以改变河流的流向，形成锐角或直角状的河道弯曲，这一特征有别于这里所讲的曲流。

流水的冲刷搬运能力与流速有关。在稍有弯曲的河道上，水流形成螺旋状前进的环流，使得流速湍急的主流冲向凹岸，于是凹岸就经受强烈的侵蚀。相反，在凸岸，因为水的流速降低，有利泥沙在此处不断堆积，日久天长，凸岸越来越凸，而凹岸越来越凹。上述过程反复不断，河道就变得十分扭曲。

如果从地球旋转偏向力的角度来看，北半球河流右岸易受侵蚀而成为凹岸，南半球则是河流左岸易受侵蚀而成为凹岸。当然，如果原来河谷因地质构造、地形起伏及岩层走向等各种原因，先期已经存在凹岸、凸岸的形态，那么不管该河位于哪个半球，河流都将因为保持惯性前行而冲刷凹岸，使河流曲流弯曲度更大。

图 5-1　河水在大地上奔流，百转千回，倔强争流。其中照片 d 所示的是怒江第一湾，位于云南贡山县丙中洛乡日丹村附近，江面海拔 1710 米，湾子中心是坎桶村，位于三面环水的半岛状小平原

　　曲流进一步发展最终会形成月牙湖，以前人们叫它牛轭湖。现在，农民不用牛耕田和拉车了，年轻人也不知道牛轭是什么样子了。所以，本人觉得应该与时俱进，就叫它月牙湖吧，还挺有诗意的。

　　当河道进一步弯曲，相邻两弧圈相搭，流水直接切穿曲流颈部形成一条新河道时，原先的弯弧被废弃。在被废弃的弯弧里，水流速度减小，两端逐渐被泥沙淤塞，构成月牙形状的湖泊。

自从地球上有了水，就有了河流。河流在人类出现很久之前就一直存在着，河流爱走弯路的规律是不以人类的意志为转移的。但从人类的视角看，河道的主要作用无非就是提供饮水、灌溉与排洪。所以，河流爱走弯路的"性格"，正好有利于人类的生存。

④ 岩石：有记忆的地球肌体

人们常说，"稳如泰山""坚如磐石"。其实，在地质学家眼里，泰山也不稳定，100万年以来，泰山已升高了500多米，还不包括被风化剥蚀掉的部分。磐石也不坚硬，地震像一把巨大的剪刀，能在90秒之内把地壳中20千米厚的岩石剪断，留下一条200千米～300千米长、难以愈合的裂痕。

岩石是地球的肌体。石头是有记忆、有语言的生命体，它们藏着地球许许多多的秘密。隐藏于石头内心的秘密需要地质学家去揭示，因为它们的秘密只讲给"知音"听。当地质学家研究它们时，他们就成为石头的"好朋友"，它们就会向他们诉说所经受的幸福与苦难：它们如何在岩浆里受到锻炼，如何被地震所扭曲，如何在高温下蠕变，又怎样从地幔或地壳深部攀升到地表。通过研究石头内部的构造和成分，地质学家探索人类共同的家园——地球漫长的历史和复杂的演化。例如，海陆如何变迁？山脉如何形成，然后又如何走向消亡？每块石头对地质学家来说，不光是深奥的学问，还是无声的诗、立体的画、凝固的音乐，都别有一番新奇、生动、激情和雅趣。许多赏石者所赏的不过是石头"瘦、透、漏、皱"的外表，而地质学家赏的则是石头科学的内涵与哲理。有人以为地质工作非常辛苦，本人却不以为然，本人到山里进行地质考察，登巍巍青山，观蓝天白云，览峰峦沟壑，大自然磅礴恢宏的千姿百态永远令人心旷神怡。

⑤ 中华民族5000年抗震救灾史

抗震救灾贯穿中国5000年历史。中国大陆地震的频度和强度居世界之首，占全球地震总量的10%以上。中国历史上有文字记载的地震就多达8000多次，其中1000多次为6级以上地震。据《史记·秦始皇本纪》记载，秦始皇时期发生过两次地震，分别在秦王嬴政十五年（公元前232）和十七年（公元前230），都在秦统一中国之前。《汉书》和《后汉书》记载的地震就有77次。据《清史稿》第44卷记载，从顺治元年（1644）到光绪二十九年（1903）这260年间，共发生地震492次，平均每年一到两次。20世纪以来，我国已发生6级以上破坏性地震近700次，其中7.0级～7.9级地震70多次，8级以上地震6次。

中国是世界上最早有确切地震文字记录的国家。西晋时出土的《竹书纪年》，记载了公元前1831年发生的泰山地震，以及公元前1809年河南西部地区发生的强烈地震："夜中星陨如雨，地震，伊洛竭。"《吕氏春秋》里记载了周文王时期的地震："地动东南西北，不出国邻。"第一次记载了地震灾害范围。《国语》中记录了周幽王二年（公元前780）陕西的一次地震："西周三川皆震。是岁也，三川竭，岐山崩。"三川即今陕西的泾河、渭河、洛河，岐山即今陕西岐山县。《诗经·小雅·十月之交》翔实而又生动地记录了这次特大地震的情景："烨烨震电，不宁不令。百川沸腾，山冢崒崩。高岸为谷，深谷为陵。"译成现代的白话就是：闪闪的电光，轰轰的雷鸣。千百条河流在沸腾，巍峨的山顶在崩塌，高岸变成了低谷，深谷变成了丘陵。西方国家同等水平的记载直到1755年葡萄牙里斯本大地震时才有，里斯本大地震造成6万人死亡。

《春秋》《左传》和《国语》等先秦古籍中都有关于地震的记述，保存了不少古老地震记录。宋元以后地方志发达起来，地震史料大大增加。除了官修的正史与地方志以外，许多私人写的笔记、杂录、小说和诗文集中也有地震的记载，而且往往附有生动的描述。宋代编的《太平御览》、清代编的《古今图书集成》等，还分门别类收集了不少地震资料。此外，碑文中也有不少历史地震的记载。

一生历经3次8级和8级以上特大地震的康熙皇帝还在他67岁那一年（即1721）撰写了一篇探讨地震成因与分布的论文，他仅用352字就生动地描述了地震现象与成因。

朕临揽六十年，读书阅事，务体验至理。大凡地震，皆由积气所致。程子曰，凡地动只是气动。盖积土之气，不能纯一，闷郁既久，其势不得不奋。《老子》所谓"地无以宁，恐将发此，地之所以动也"。阴阳迫而动于下：深则震动虽微，而所及者广；浅则震动虽大，而所及者近。广者千里而遥，近者百十里而止。适当其始发处，甚至落瓦、倒垣、裂地、败宇，而方幅之内，递以近远而差。其发始于一处，旁及四隅。凡在东西南北者，皆知其所自也。至于涌泉溢水，此皆地中所有，随此气而出耳。既震之后，积气既发，断无再大震之理；而其气之复归于脉络者，升降之间，尤不能大顺，必至于安和通适，而后反其宁静之体，故大震之后不时有动摇，此地气反元之征也。宋儒谓阳气郁而不申，逆为往来，则地为之震。《玉历通政经》（唐李淳风撰）云：阴阳太甚，则为地震。此皆明于理者。

如果将康熙皇帝文中所说的"气"理解为地质构造应力（简称地应力）或弹性应变能，"阴阳"理解成矛盾的两个方面，如断层的两盘、应力的相互作用等，康熙皇帝的这篇地震论文简直令人拍案叫绝。精彩的论述有：其一，"深则震动虽微，而所及者广；浅则震动虽大，而所及者近"。这里论证了震源深浅与地面破坏的关系。其二，"其发始于一处，旁及四隅"。地震波始发于震源，然后向四面八方传播。其三，"既震之后，积气既发，断无再大震之理"。"积气"即弹性应变能的积累。其四，"而其气之复归于脉络者，升降之间，尤不能大顺，必至于安和通适，而后反其宁静之体，故大震之后不时有动摇，此地气反元之征也"。给出余震的成因解释。其五，"阴阳太甚，则为地震"。断层两盘受到太大剪应力作用，当剪应力超过岩石的剪切强度或摩擦强度，就要发生地震。

在上述的基础上将康熙皇帝的文字译成现代白话，那就是：本人即位执政六十年，读书阅事，务必体验其中真正的道理。大凡地震都是由地应力集中所造成的。程颐说，大凡地动乃是地应力的释放。由于积累的弹性应变能不能释放，时间久了，必然要找机会释放。《老子》说："地无以宁，恐将发此，地之所以动也。"断层两盘受应力作用而运动于地下：震源深则地面震动微小，但波及范围广；震源浅则地面震动大，但波及范围小。波及范围广的可超过千里之外，小的仅达百里或几十里。位处震中的极震区内，屋瓦脱落，墙倒，地面开裂，建筑物遭毁坏。在灾区内，破坏程度由近到远递次减弱。地震开始之处即震源，波是从那里开始向四面八方传播的。凡在东西南北各方的人都知道波是从那个方向传来的。至于涌泉溢水，则是顺着地震破裂被地应力挤冒出来的地下水而已。发震之后，既然积累的弹性应变能释放了，也就不会再在短时间内发生大震了。但是区域内各分层断裂，在应力升降变化之间尚未完全适应新的状态，还未能调整到新的平衡，因此大震以后就会经常发生余震，这是地应力恢复原状的征兆。宋代学者说，地应力集中积累到一定程度，大地就要发生震动。《玉历通政经》也说，断层两盘受到剪切应力太大，超过某一临界值，就要发生地震，这都是容易明白的道理。由此看来，康熙皇帝在290多年前对地震的理解应处当时世界领先水平。

在我国的历史资料中，记载的地震有8000多次，其中破坏性地震近3000次，8级以上特大地震约18次。这些记载的时间之久远，内容之详尽，都是世界罕有的，是世界上最悠久、最完整的地震历史资料。

　　面对地震灾害，我们的祖先进行了不少探索，如东汉科学家张衡，为了掌握全国地震动态，历经多年研究，终于在汉顺帝阳嘉元年（132）发明了世界上第一架用于观测和记录地震的仪器——候风地动仪（图5-2）。关于张衡地动仪的记载，见于《续汉书》（司马彪）、《后汉纪》（袁宏）、《后汉书》（范晔）三部史书。据《后汉书·张衡传》记载，"地动仪以精铜制成，圆径八尺，合盖隆起，形似酒尊"。"酒尊"就是酒坛，里面有精巧的结构，主要是中间的"都柱"（类似惯性运动的摆）和它周围的"八道"（装置在摆的周围和仪体相连的八个方向的八组杠杆机械），外面相应设置八条龙，盘踞在八个方位上。八条龙的龙头分别向八个方向伸着，每条龙的嘴里含有一颗小铜球。龙头下面，蹲着一只铜制的蛤蟆，蛤蟆张着嘴对准龙嘴。如果哪个方向发生了地震，朝着

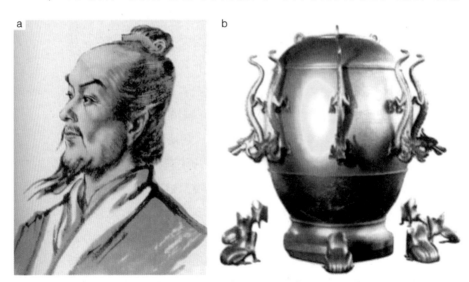

图5-2　东汉时期中国科学家张衡（a）与他研制的地动仪（b）

那个方向的龙嘴就会自动张开来，龙嘴中的铜球就会"当啷"一声坠落到蛤蟆的嘴里，人们就可以知道哪个方向发生了地震。汉顺帝阳嘉三年十一月壬寅（134年12月13日），地动仪的一张龙嘴里突然吐出了铜球，掉进下面的蛤蟆嘴里。当时在京城洛阳的人们却丝毫没有感觉到地震的迹象，于是有人开始议论，说地动仪不灵验。又过了几天，有快马从陇西（今甘肃）来报，说那里前几天发生了地震，损失惨重。陇西距洛阳有700多千米，地动仪指示无误，说明它对地震波的灵敏度还是很高的。可惜，张衡之后的漫长岁月里，中国人在研制监测地震仪器设备方面就再也没有新的里程碑式的建树了。

1875年，意大利科学家研制出世界上第一台有时间记录的纯机械性地震仪。1900年，俄国科学家研制出世界上第一台电磁式地震仪，从此世界进入定量研究地震的历史时期。

俄国地震学家伽利津说："每一次地震都是一盏明灯，它点燃的时间虽短，却为我们照亮了地球的内部，让我们了解在地球内部发生了什么。"地震学家就是利用地震波透视地球的"身体"，认识其内部不同深度的物质界面、物理状态和层圈构造。

⑥ 地震预报的艰难之路

世界的主要活动断裂带上，强震的灾难似乎总是迫在眉睫，却又具体时限不明，人类显得无助又脆弱。

描述物质的物理学行为，往往只需将一系列变量（因素）列进一组方程，然后使用计算机求解方程组。然而在地震学领域，迄今没有一个人能够知道如何将造成地震发生的具体因素作为变量写进什么方程组，以进行地震的三要素（时间、地点、震级）的预报。在地震预报领域，人类面临的挑战实在太大了，过去20年中，甚至有一种说法，地震就像沙堆崩塌，其行为难以捉摸、无法预测。假如我们往桌面上一粒一粒地丢沙子，沙子将会逐渐堆积起来，越来越高，但是不可能一直这样下去，随着沙堆变高，沙堆的斜坡会变得越来越陡，越来越不稳定，到了某一个临界程度，刚丢下去的沙子会引起沙堆的崩塌，垮塌下来的沙子又会触发其他地方沙子的坍塌……如果沙堆是有意识的话，崩塌开始时，它自己都不知道坍塌将会有多大规模。地震如同沙堆崩塌，只有断层上某点的构造应力达到临界状态，该处的断层才会发生相对滑动，这个滑动可能正如一粒沙子丢下会让处于临界状态的沙堆出现无法预测的结果一样，这个小滑动之后，下列情况可能发生：其一，断层滑动可能就此停止；其二，也可能把应力传给附近的断层，触发其滑动，之后应力还可能继续传递下去，引发断层的继续滑动，触发一场更大级别的地震；其三，一处断层的滑动把应力传递给附近断层，但是应力还是没能达到临界状态的程度，再需若干年的应力积累才能发生地震。所以，地震是一种非线性的复杂过程。

地震预报不同于地震预测。预报地震，往往是国家行为，必须能及时预报出地震发生的时间、地点和震级这三要素。根据构造地质学与地震学知识，一个经验丰富的专家能较有把握地预测出某一地区地震可能发生的大概地点与震级，却无法预知地震具体会什么时候发生，因为人的寿命相对于断层的寿命，毕竟是太短了。人类尚无法触及强震发生的深度，岩石对于我们人类是不透明的。在目前科学的认知程度上，我们只能说地震是无法预报的。

既然在目前人类的认知能力和科技水平下，地震尚无法预报，那么基于同样的道理，任何人也不能预报"不地震"，虽然可能出于"安定民心"的善意。错误的指导思想还会导致错误的行动，在临震前兆明显来到之后不作为，事后又文过饰非，推脱责任。这方面，意大利有个典型案例。

拉奎拉市是意大利的地震多发地区，有历史记载的就有1315年的地震，1461年的地震，1703年的地震（约5000人死亡），1786年的地震（约6000人死亡），1915年的地震（约3万人死亡），当地居民对地震非常敏感。从2008年夏天开始，拉奎拉市常闹一些小于4.5级的小地震，一位居民通过测量土壤中氡气含量的异常，以非官方的方式向市民预报地震将要发生，当地居民人心惶惶。为了安定民心，政府于2009年3月31日召开了有6位来自国家大型灾害预报与预测委员会和国家地震监测中心的专家参加的会议，会后通过新闻媒体宣称"大地震不会来临，人们无须担心"。在会议后播出的电视采访中，时任罗马环境研究与保护局（Institute for Environmental Research and Protection，ISPRA）局长说："科学家告诉我没有危险，因为在地震过程中能量会不断被释放。"然而，事与愿违，仅一周后，即2009年4月6日上午，一场6.3级的地震在拉奎拉发生了，地震造成309人死亡，约1500人受伤，约6.5万人无家可归，约2万栋房屋被毁。

"有些居民本来可以离开他们的老房子，到室外避震，但是因为误信了地震专家近期不可能发生地震的断言而继续留在老房子里，结果死于地震造成的房屋坍塌。"一位失去亲人的居民如是说，"既然目前科学水平尚不能预报地震，那为什么我们这些意大利地震专家向公众预报不地震，这的确是个问题。"震后，愤怒的民众将参加那次会议的6位地震专家和1位政府官员告上法庭，罪名是"涉嫌对地震风险的不当评估误导民众，造成过失杀人"。

2012年6月，6位专家被法院判处有期徒刑6年，并需缴纳40万美元的罚款。之后，全世界许多科学家为这些地震学家打抱不平，声援信通过网络飞进意大利总统府，理由正如英国爱丁堡大学的地震学家伊恩·梅因（Ian Main）所说："这个宣判结果让全世界的地震学家吃惊，从今以后我们这些做地震研究的人不再希望冒着被起诉的风险为公众提供任何有关地震的信息，那样会让我们打消实话实说的念头，这对于减少灾害对公众的影响简直是一个悲剧。"经过上诉，上诉法庭于2014年11月10日推翻了早先地方法院对他们6年监禁的判决，并将之前与他们共同定罪的政府官员的量刑减至2年。上诉法院的这一"无罪"判决激起了等候在法庭外的在地震中失去亲人的拉奎拉市居民的愤怒，他们大喊着"可耻"，并说意大利政府其实是在宣布自己无罪。这个宣判结果让全世界的地震学家都松了口气。然而，那些被无罪释放的科学家却百感交集。"虽然被宣布无罪，却没什么可庆祝的，因为拉奎拉人民内心的痛苦还在。"

地震难以预报，但是世界各国科学家致力于探索地震机制、提高地震预报和预警能力的科学实验研究从没有放弃过，也没有停止过。人类不应对地震预报失去信心，只要我们持之以恒地把创新性的研究工作做下去，希望之光就不会熄灭，说不定未来有一天打开地震奥秘之门的金钥匙会被锻造成功。

目前，地学界较普遍地认为，通过对刚发生过大地震的活动断裂带进行科学钻探，可以获得最直接的、更有效的信息和科学数据，帮助人类理解地震的形成机理、捕捉余震直接信息和查明发震可靠前兆。1995年日本大阪、神户大地震之后，日本科学家立即在发震的野岛（Nojima）断裂带实施了科学钻探。1999年中国台湾集集地震后，科学家立即在发震的车笼埔断裂带实施了科学钻探。2008年7月10日，《自然》杂志发表一篇论文，报告美国科学家钮凤林等在美国圣安德烈斯断层带的深井中，第一次比较精确地检测到地下岩石在地震来临前发生的物理变化。实验是在两口深井中进行的，研究人员将一个"人造震源"放在其中一口井的地下1千米处，让它不断发出振动波，模拟地震纵波，并将一个接收器放在另一口井的同样深度，让它接收脉冲，然后测量脉冲从发出到接收所经历的时间。如果在这两口井之间以及周边的岩石性质没有发生任何改变，那么接收脉冲的时间应该是一样的。如果岩石性质（如微裂隙密度、岩石空隙度、水饱和程度等）发生了变化，那么接收脉冲的时间也会随之变化。此后，在持续两个月的实验中，研究人员发现地震波速出现了两次明显的变化，一次是在3级地震发生的10小时之前，另一次则是在1级地震发生的大约2小时前。在排除了温度、降水等影响因素后，这些科学家相信这两次地震波速的变化应该与破裂过程有关。为了进一步验证结论，这些科学家在2008年9月又去了圣安德烈斯断层，进行大规模、长时间的实验，以获取更多数据。如果后续的实地研究能够进一步被证实，在世界其他地区的断层地震活动中，也普遍存在同样的岩石物性变化，那么将来在此基础上有望开发出比较可靠的地震早期预警系统。

有必要说明一下，美国圣安德烈斯断层可能是当今世界上被研究程度最高的断裂带，它几乎与加利福尼亚州等长，释放的地震能约占全球总量的1%，它时常闹出点动静来，让人口密集的加利福尼亚州人心惶惶。基于断层的长度、深度以及断层途经岩石的力学性质，估计圣安德烈斯断层产生的地震的最大震级约为8.2级，能够释放的最大能量仅是2011年日本本州岛海域地震（9.0级）的6%。旧金山附近于1906年4月18日发生的7.9级地震与1989年10月17日发生的6.9级地震都是圣安德烈斯断层活动所致。1906年那次地震使旧金山遭到严重的破坏，3000多人死亡。当时，清政府向美国捐款十万两白银，作为旧金山大地震赈灾之用，另外，还向当地华侨捐款二万两白银，供他们重建家园。通过这次地震造成的地表位移和应变，里德（H. F. Reid，1910）教授建立了著名的地震源的弹力复完理论，直到现在他的理论仍在地震学中占有重要的地位。

汶川地震断裂带科学钻探（WFSD）工程后来在都江堰市虹口乡龙门山中央断裂旁侧分别钻两口深井（图5-3），其中代号为WFSD-1的一号井为倾角80°的斜井，深1200米，孔径7.6厘米；

二号井WFSD-2为直井，深3000米，孔径15.7厘米。WFSD-1于2008年11月6日开钻。中国科学家对钻孔取出的岩芯、岩屑和流体样品进行观测、测试和研究，试图查明汶川地震断裂带的深部物质的组成、结构、产出、构造属性；了解地震过程中的岩石物理和化学行为（摩擦系数、流体压力、应力大小、渗透率、地震波速、矿物和化学组成等）、能量状态与破裂演化过程，认识汶川地震发生的应力环境、巨大的地震破裂产生及自西南向东北传播的原因、地下流体在地震孕育、发生、停止过程中的作用，检验和解释逆冲兼右行性质地震断裂发震机理。完钻后，在这两个钻孔（深500米～1000米）内安放地震探测仪器，进行井中地震监测，并以此作为中国深孔长期地震观测站（许志琴等，2008）。中国科学家通过汶川地震断

图5-3　汶川地震断裂带科学钻探（WFSD）工程

◇ a为钻探区三维地质模型。WFSD-1和WFSD-2分别标出一号井和二号井的位置。（据李海兵等，2008）
b为一号井施工场地——都江堰市虹口乡八角庙村。

裂带科学钻探工程及其相关的研究，以期解决以下科学问题：

第一，汶川地震断裂带的位置、规模、破裂结构和演化、滑移速率以及构造属性；

第二，地震断裂带岩石和矿物的地球化学性质及断裂带的热历史；

第三，地震断裂带的岩石力学性质以及对地震发生机制基本理论的检验；

第四，同震位移的物理性质、地震能量状态与地震过程（地震复发周期）；

第五，地震断裂带的应力环境、应变能的分布及地下介质热动力条件；

第六，断裂带的流体行为以及在地震过程中的效应；

第七，地震断裂时空上的温度变化、断裂摩擦系数；

第八，地震前兆的探测及综合研究；

第九，三维地震台阵探测及汶川地震断裂带的余震趋势、余震强度和影响范围的分析；

第十，地震机制和提高地震预警预报能力的综合研究。

上海市在同济大学海洋学院汪品先院士主持下正在实施一个"海底联网观察平台"工程。在距上海陆地50千米的海底安置地震仪等仪器，一旦东海或黄海里发生地震，地震仪接收到首波时，通过海底光缆立刻给陆地传递信息，利用电导和地震波的走时差可提前7秒预报地震波到达上海城区的时间，希望这短短的7秒时间能让大多数人安全地走出房屋。

成都高新减灾研究所研制了一套名为ICL的地震预警系统，在2014年8月3日云南省鲁甸发生6.1级（矩震级）地震期间，该系统按照预估烈度大于3.0度的原则，提前6秒~37秒为分布在云南昆明、昭通、丽江，四川宜宾、凉山等地的26所学校提供了警报。有人误以为成都高新减灾研究所实现了地震预报。应该指出，地震预警与地震预报是截然不同的两回事，或许日语中的"紧急地震速报"更能准确地表达地震预警（Earthquake Early Warning）的本来意思。目前世界各国的地震预警系统都是利用电磁波和地震波的走时差，力争提前几秒到几十秒预报地震发生后地震波到达震中周围各地的时间，希望利用这短短的时间差能让大多数人安全地走出房屋，以最大限度地保护生命安全。这样紧急地震速报可以让火车司机在火车过桥或进入山洞隧道之前停下、操作工人将工厂的生产线停下、核电站停止发电、外科医生暂停手术等。

在岩石介质中，地震产生的纵波的传播速度大于横波的传播速度，纵横波速度之比总是约大于 1.414（$\sqrt{2}$）。对于许多常见的地壳岩石，纵横波速度之比约为 1.732（$\sqrt{3}$）。纵横波速度之比的具体数值取决于岩石的泊松比，泊松比越大，纵横波速度之比越大。横波的振幅比纵波的振幅大得多，许多建筑物都是在横波扫来之时摧毁的。所以，人们就想办法利用纵波起始时间与速度预报横波到达各地的时间。

地震发生时，首先破裂的点，即震源发出的纵波首先到达震中，若震中的地面正好有一台地震仪，就会记录首波（纵波）到达的最短的时间。在绝大多数情况下，地震仪基本都不在震中，而是距离震中几十千米的地方，纵波需要一定的传播时间才能到达地震仪所在处，使其到达时间被地震仪记录下来。

利用震中附近至少两台或两台以上地震仪记录到的走时数据，地震预警系统中心的计算机迅速计算出震级，特别是震中（最好是震源）的位置，然后根据经验公式计算出纵横波到达周围各地的时间，把相关信息自动发送到电台、电视台、网络媒体等，真正地做到全套系统的"高度集成、实时监控、飞速响应"。例如，2014 年 8 月 3 日云南省鲁甸地震的震源深度是 12 千米，取地壳平均波速 6.00 千米/秒，岩石的泊松比 0.25，即横波速度为 4.24

千米/秒。从震源出发，纵波需要 5.385 秒、横波需要 7.487 秒才能到达距离震中 30 千米的某乡镇，纵横波之间的走时差为 2.102 秒。一般来说，等到人们收到预警信息，地震发生已经过了 4 秒～8 秒了。

成都高新减灾研究所所说的"提前 6 秒～37 秒为周边学校预警"，这"周边"指距离震中 65 千米～245 千米的范围。对于一个 6.1 级（矩震级）地震，走滑断层的地表破裂带长度也就在 10 千米左右，烈度大于或等于 7 度（大多数人惊逃户外，骑自行车的人有感觉，房子墙体出现破坏与开裂）的地带也就是 20 千米～25 千米的范围，居住在这个极震区内的居民最需要逃生，但无论理论还是技术上几乎不可能在地震横波到来之前让居民收到预警。而居住在距离震中 65 千米～245 千米这个范围内的人们也没有必要紧迫逃生，却接收到了预警。所以，对于 6.5 级以下的地震，预警的作用并不明显，因为地震预警的震中盲区范围正好对等于地震烈度 7 度及以上高破坏区的规范。此外，预警也无须发给预估烈度小于 5 度的地方，因为这些地区的居民并无生命危险。

相反，对于汶川发生的地震，地震预警的作用却是非常重要的，因为震级高，能量释放多，波及范围广。打个比方，地震像撕布，波源是沿着发震破裂带边走边撕。地震断裂从西南的映秀走向东北的青川花了近 80 秒才完成其撕裂过程，这 80 秒龙门山断裂带恶狠狠地撕裂，连续不断地发出恐怖的吼声——地震波。若有地震预警系统，四川省北川县、青川县与甘肃文县等极震区的居民完全可以在地震到来之前有足够的时间走出楼房，免遭被掩埋于废墟之灾。

影响地震预警的具体效果的因素除了上述的震级与距离以外，还有以下六个方面：

第一，震源深度。正如康熙皇帝 67 岁那一年（即 1721）所说："深则震动虽微，而所及者广；浅则震动虽大，而所及者近。

广者千里而遥，近者百十里而止。"由太平洋板块在日本海沟向西深俯冲形成的深源（＞300千米）地震在中国仅分布在吉林省珲春一汪清一带，这些深源地震对地面工程建筑破坏性不大，故无须预警。在中国大陆内部发生的地震基本上都属于浅源地震（＜60千米），绝大多数破坏性地震的震源深度为15千米～25千米。

第二，地震破坏程度与地壳—地幔的热结构有很大关系。地壳—地幔越热或含水量越多（如滇西），地震波越是衰减得厉害，地震波的振幅在短距离内衰减很多，地震波速也随之减小。加拿大地盾、中国华北地台与中国扬子地台内，地壳—地幔的地热梯度低，有利于地震传播。

第三，受矿物晶格优选定向及其裂隙优选定向的影响，地震波在地壳岩石中有可能是各向异性的，在不同方向上具有不同速度。目前的预警系统假说岩石介质是各向同性的。

第四，地震的破坏程度与地形地貌关系很大。地势起伏大、山坡陡峭的山区（如川西南、云南），地震必然会造成山崩、滑坡、塌方、泥石流等次生地质灾害，加重震害的估算。

第五，地震的破坏程度与地下地质结构特别是地下水位有关。若城镇建在松散沉积物（包括古河道、古湖泊相的沉积物、流沙土以及人工回填土）之上，加之地下水位高，砂土液化势必造成房屋倾斜、破坏、倒塌。

第六，地震的破坏程度与当地建筑质量有关。抗震设防、提高建筑质量与地震预警同样重要。

综上所述，离震中距离小于50千米～60千米的区域，属于地震预警盲区，在地震波到来之前尚不能收到预警。离地震破裂大于100千米的区域，也无须收到地震预警，因为地震烈度一般达不到危及生命的程度，地震预警反而会干扰居民正常的工作与生活。地震预警系统对6.5级以下的中等地震，用处不大，但对7.5级以上的大地震、特大地震，效果会特别显著。

世界各国已达成共识：城乡的防震抗震不能仅仅依靠预警与临震预报。建筑的抗震设防在目前的科学技术条件下是完全可以做到的，而地震预报在目前的科学技术条件下却是无法做到的。即使地震真能预报了，我们居住的房屋不抗震，亦是白搭，多年营建的家园还是会毁于一旦。实践证明，把房子建结实最管用。房子坚实牢固，能抗震，地震来了，居民才能从容不迫、应对自如！

第六章

大陆逃逸
与中国地震
分布特征

2008年汶川地震之后的几个月内，亚洲大陆的其他一些地方也发生了很多次地震，这些地震活动都可以在"亚洲大陆逃逸构造"（Escape Structure）这个大地构造模式下获得令人满意的解释（图6-1）。

① 逃逸的亚洲大陆

本人曾和法国巴黎地球物理研究所的保尔·塔波尼尔（Paul Tapponnier）教授有过合作研究，亚洲大陆逃逸构造的模式正是他年轻时的杰作，1975—1976年他在美国麻省理工学院跟随彼特·默拉（Peter Molnar）教授攻读博士后期间，用胶泥模拟欧亚大陆，在向北漂移相对刚性的印度洋板块（在实验中用钢活塞代表印度洋板块）挤压下，亚洲大陆逐渐裂解，分成断块向东或东南方依次逃逸（图6-1）。

图6-1 法国地质学家塔波尼尔的物理模拟试验，树胶和钢活塞分别代表欧亚大陆和印度洋板块

　　为了便于读者理解，有必要对地质学关于断层面方位（产状）和断层性质的知识做简单的介绍。断层是一个平面（图6-2），它空间延伸的方位及其倾斜程度可用放在一个括弧里的5个数字表示，前3个数字代表走向，后2个数字代表倾角。走向（θ）是一个倾斜平面和水平面的交线与正北方向之间的夹角，其变化范围为0°～360°。倾斜平面上与走向线相垂直的线叫倾斜线，倾斜线在水平面上的投影所指的沿水平面向下倾斜的方位即倾向。倾角（α）指倾斜平面上的倾斜线与其在水平面上的投影线之间的夹角，即在垂直倾斜面走向的直立剖面上该平面与水平面间的夹角，其变化范围为0°～90°（图6-2）。按国际惯例，走向与倾角的关系采用右手法则表示，即大拇指指向倾斜面的走向，四指指示倾向。举个例子，一断层走向正南北，如果它向东倾40°，其产状就是（0°，40°）；如果它向西倾40°，其产状就是（180°，40°）。

　　一次地震之后，断层两盘发生了相对运动，两盘岩石被磨碎的岩屑在断层面上刻画留下一道道痕迹，这就是断层擦痕。用手指顺着擦痕轻轻地抚摩，可以感觉到顺一个方向比较光滑，相反方向比较粗糙，感觉光滑的方向指示对盘运动方向。其实，擦痕（图1-32）代表断层的运动矢量（图6-3）。断层两盘沿着擦痕方向断开的距离称为总断距（R）。总断距可以进一步分解为垂直断距（RV）、水平断距（RH）、走向断距（RL）和倾向断距（RT）。

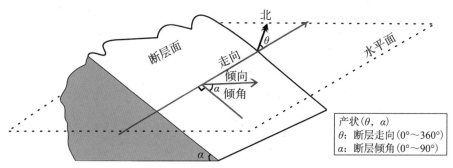

图6-2　断层产状表示图解

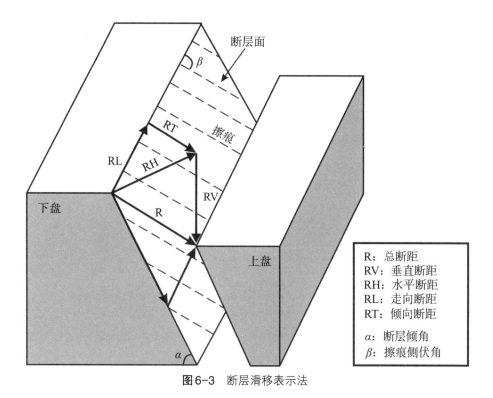

图6-3　断层滑移表示法

　　断层面上擦痕和断层走向之间的夹角叫侧伏角（图6-3）。根据断层运动矢量的侧伏角，可以将断层的性质分成12种类型（图6-5）。图6-4给出5种主要类型断层——逆断层、正断层、走滑断层、走滑逆断层、走滑正断层——的三维模式图。

　　印度洋板块和欧亚板块相撞于约4500万年前。碰撞之后，流变学强度较小的亚洲大陆挤压缩短了1500千米～2000千米（图6-6），形成了厚度近乎是正常陆地地壳（35千米～40千米）两倍的青藏高原增厚地壳（60千米～70千米）。青藏高原隆起到一定的海拔（山峰7千米～8千米）后就再也不能继续上升了，原因是处于高温高压条件下的深部地壳在其上覆岩石的重力载荷下已做韧性流动，青藏高原下面深部地壳的物质在差应力作用下不得不向东（太平洋方向）侧向运动，离开青藏高原的腹地向高原的边缘

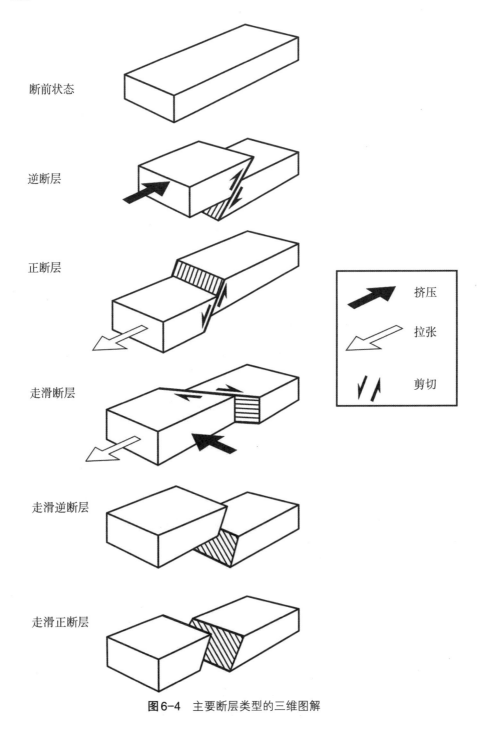

断前状态

逆断层

正断层

走滑断层

走滑逆断层

走滑正断层

挤压

拉张

剪切

图6-4 主要断层类型的三维图解

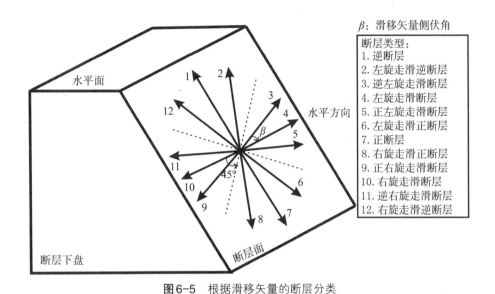

β：滑移矢量侧伏角

断层类型：
1. 逆断层
2. 左旋走滑逆断层
3. 逆左旋走滑断层
4. 左旋走滑断层
5. 正左旋走滑断层
6. 左旋走滑正断层
7. 正断层
8. 右旋走滑正断层
9. 正右旋走滑断层
10. 右旋走滑断层
11. 逆右旋走滑断层
12. 右旋走滑逆断层

图6-5　根据滑移矢量的断层分类

涌进，以便在印度洋板块前进的道路上腾出空间，从而使青藏高原随时间推移不断向北、向东北、向东和向东南扩展。青藏高原深部地壳高温塑性物质推拥着高原周边的地块向压力低的地方侧向逃逸。与此同时，青藏高原内部一系列近东西向的断裂带的性质也从原先的挤压推覆转变成侧向走滑。

　　第一个被挤出的是印支地块（中国滇西、越南、老挝、柬埔寨、泰国），挤出开始于大约3200万年之前。印支地块原先和西藏的冈底斯地体连为一体，呈近东西向延伸，横在印度洋板块向北前进的道路上。随着印度洋板块继续向北运移，整个印支地块像一格抽屉一样一边往外抽，一边绕喜马拉雅东构造结做顺时针旋转，最终到了现在我们所见到的这个位置。由于在喜马拉雅东构造结处遭受了强烈变形，压扁伸长，印支地块和冈底斯地体被拉得越来越细，一旦拉断最终将形成大陆规模的布丁构造。

　　第二个被挤出的先是华南地块（图6-1中的B），然后是华北地块。华南地块包括松潘—甘孜地体、龙门山、四川盆地以及云

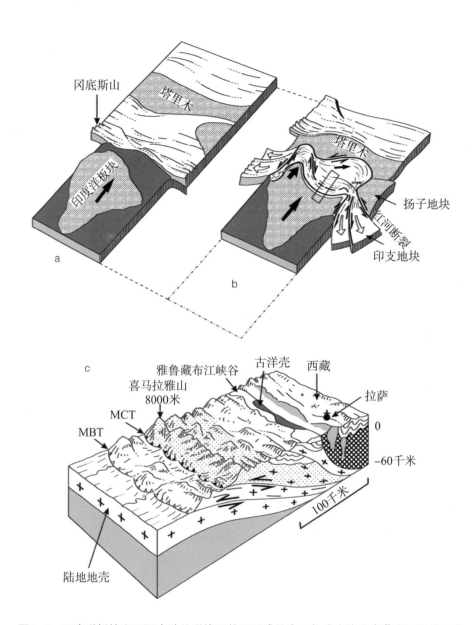

图6-6 印度洋板块和亚洲大陆的碰撞及其所形成的喜马拉雅山脉和青藏高原三维示意图（改自Mattauer，1989）

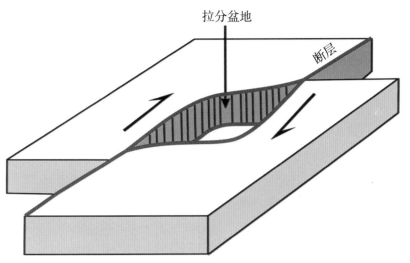

拉分盆地

断层

图6-7　夹在两条断裂带之间的拉分盆地示意图

南红河断裂以东、秦岭以南的华南和中国中部的众多省份。挤出始于距今1500万年左右。这个阶段里，青藏高原向东扩张和挤出受东部不同流变学性质地块的阻挡。例如，松潘—甘孜地体挤出受到流变学强度大的四川盆地的阻挡，汶川地震正是松潘—甘孜地体向流变强度大的四川盆地地壳挤压推覆与斜冲的结果。华南地块的西南边界也从原先的金沙江—红河断裂带东移到安宁河—小江左旋走滑断裂以及滇南和越南境内的红河走滑断裂，导致川滇地体（羌塘地块的南部）和扬子地块决裂分离。华北地块还包括柴达木—祁连山地体、鄂尔多斯地块以及秦岭以北的华北省份如山西、河北等。柴达木—祁连山地体向北东方向位移速率为10毫米/年～14毫米/年。

华南地块东移的北边界是阿尔金左旋走滑断裂、祁连山推覆断裂和左旋斜冲的海原断裂。阿尔金断裂的左旋走滑速率为9毫米/年～10毫米/年，横跨祁连山推覆断裂带地壳的缩短速率是7毫米/年～10毫米/年，海原断裂的左旋走滑速率约为7.5毫米/年。

遇到坚硬的鄂尔多斯地块，逃逸构造只好绕着走，应变的强烈不协调造成在鄂尔多斯地块东西两侧皆形成拉分盆地（图6-7），西侧是银川盆地，东侧是山西地堑。然后在山西地堑的北端联结上京津唐张（北京、天津、唐山、张家口）地区的近东西向断裂，最后向东潜入渤海。历史上华北地块的边界断裂上发生过许多大地震，如1920年12月16日的海原地震。1556年1月23日发生的陕西华县大地震也在这条断裂带上。这条断裂带使北京及其周围地区在近1000年来曾遭受过9次6级以上破坏性地震的袭击。

第三个正被挤出的是东北—蒙古地块，它包括中国内蒙古自治区、中国东北地区、蒙古、俄罗斯远东地区，挤出时间是近500万年到未来的1000万年～2000万年。该地块西南边界是阿尔金断裂，东北边界由一系列断断续续尚未并合连贯的断裂组成。贝加尔湖就是形成于两条走滑断裂之间的一个巨大的拉分盆地。1957年贝加尔湖东北端曾经发生过7.5级地震，2008年8月27日贝加尔湖地区发生6.4级地震，都和这些断层活动有关。

青藏高原及其周围的地块逃逸构造构成一个完整的地质构造体系，系统内各断裂带彼此关联，协同合作，往往牵一线带动一片，出现多米诺骨牌式的连锁反应，某一个地块向前迈了一步，它会将应力传递给前面的地块使之前进，也会腾出空间让后面的地块往前赶一步，从而使得地震活动极具丛集性，即地震在某一时间段内密集成丛发生。地块间的相互错动，在高温高压的下地壳中表现为韧性滑移（位错蠕变、扩散蠕变、超塑性变形等），在脆—韧性转变带之上的中上地壳中呈脆性，表现为破裂和摩擦滑动，产生地震。当某一地块在前进的道路上遇到绊脚石（断层急转弯处、断层面凹凸处、断层碰到强岩体或障碍体、不同方向断裂的交会点等）时，这个系统就会出现一个相对平静期，在这个时段内应力逐渐积累，一旦应力达到足以踢开绊脚石（如剪断龙门山彭灌杂岩）的程度，岩石破裂或摩擦失稳、断层滑移，于是该构造体系又进入新一轮的活跃期。因此，对中国的地震研究不能仅局限于某区域或某条断裂，而应把整个亚洲大陆逃逸构造作为整体的、统一的"一盘棋"看待，要研究地震在这盘"棋"上跳跃或迁移的规律。同一条断裂带上地震的"迁徙"实质是构造破裂的定向延伸，而地震跳跃于不同断裂带实质是构造应力在不同地块之间相互传递。

② 中国地震分布特征

按地震分布（图6-8，图6-9），中国大陆可以粗分为两个区域，其交界是一条过渡带。该过渡带的东界是郯庐断裂及其和海南岛的连线，西界是齐齐哈尔—北京—邯郸—郑州—宜昌—贵阳—（越南）河内连成的线，后者其实就是松辽盆地的西界（大兴安岭的东界、太行山的东界和大娄山的东界）。我们将上述两线所夹过渡带称为地震区分界线。这条神秘诡谲的分界线以西的广大地区，活动断裂、活动褶皱、活动盆地都与印度洋板块楔入欧亚板块造成的青藏高原隆升和快速侧向扩展、亚洲大陆逃逸构造活动有关。流变性较好的造山带（如青藏高原和天山）和流变性较差的古老地块（如塔里木、准噶尔、阿拉善、鄂尔多斯、四川盆地等）在其边界强烈对抗，形成强震。地震区分界线以东的中国沿海地区受太平洋和菲律宾海板块运动的影响也会发生地震，但其强度和频度比该线以西的青藏高原周边、天山、鄂尔多斯地块周边以及张家口—渤海断裂带上的地震低得多。地震区分界线以东与以西地震活动的频次比例是1∶6.7，地震释放能量的比例是1∶25。总之，中国的地震分布具有西密东疏、西强东弱的特征。因此，西部地区的开发和发展必须充分重视地震灾害。

地震区分界线的过渡带是上述两种地质构造作用的"拉锯区"。例如，山东省菏泽市就在这个过渡带内。1937年8月1日菏

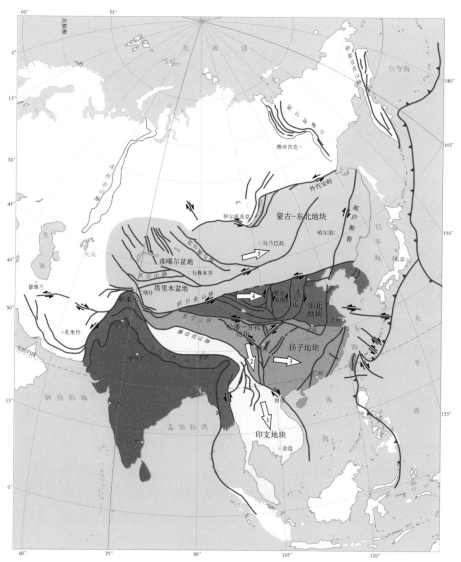

图6-8 亚洲地质构造图

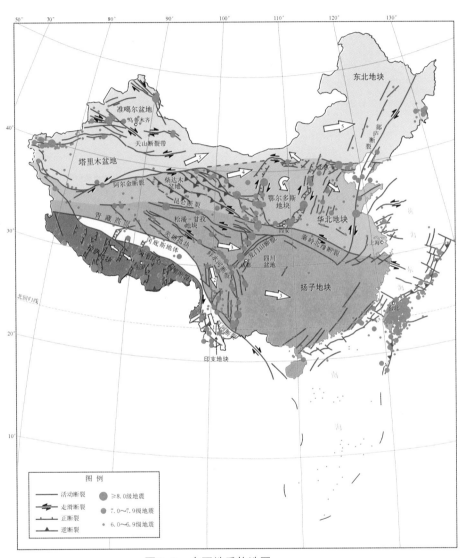

图6-9　中国地质构造图

泽西部解元集一带发生7.0级地震，同日，小留集一带发生6.75级地震。地震影响范围广，北起北京，南至镇江、武汉，西起洛阳，东至黄海、渤海沿岸。有感面积约65万平方千米。菏泽受灾最严重。喷沙、冒水和塌陷现象普遍。震后发生降雨，整个震灾区成泽国。据史料记载，此次地震前的地震前兆现象十分明显：井水变浑、变色、起沫、冒泡、水位忽升忽降，甚至外溢、自喷；震前地声、地光、地气明显。临震前"咯噔咯噔"的响声似沉雷。一道白光闪过，惊魂未定，大震来临。据说菏泽县城有多人看到东城墙外有红色火球升起，大如磨盘，形如照明弹，在空中停留2秒钟后消失。震后此处有北东向地裂缝，最宽处达10厘米。

1957年，在山东省郯城至安徽省庐江之间发现一条西北向带状航磁异常，据此地质学家发现了中国东部一条深大断裂，命名为郯庐断裂。后来人们发现，郯庐断裂并不仅存于郯城与庐江之间，向南到湖北省长江北岸的武穴，向北偏东方向经安徽省的宿松、潜山、庐江、嘉山，江苏省的泗洪、宿迁，山东省的郯城、沂水、潍坊，进渤海，然后过辽东半岛，穿过东北三省去了俄罗斯。在中国境内长达2400千米，宽几十千米至200千米，总体走向北东10°～20°（图6-9）。

综观亚洲和中国地质构造图（图6-8，图6-9），上述地震区分界线将边界划分成两个大构造区，东边是太平洋扩张运动区，西边是由印度洋板块挤入造成的地壳增厚和逃逸构造区。两个构造区的作用在郯庐断裂带上交会，使郯庐断裂带做右旋走滑运动。由太平洋板块在日本海沟向西深俯冲造成的、在中国境内的深源地震主要分布在吉林省珲春—汪清一带，这样的深源地震对地面工程建筑破坏性较小。例如，2002年6月29日，在吉林省汪清县发生7.2级地震，震源深度540千米。尽管震级较高，影响范围较大，但由于属深源地震，地震波在传播过程中，能量大大衰减，到达地面后对地表几乎没有造成破坏。

　　台湾作为太平洋岛弧系的一环，又处于欧亚板块、菲律宾海板块和南海板块的交会部位，西受逃逸构造的挤压，东受菲律宾海板块的俯冲，两面夹击，地震不断（图6-8，图6-9）。北东向的右旋逆冲走滑断裂和北西向的左旋走滑断裂作用是台湾及附近海域主要的地震成因。此外，台湾中央山脉西麓的活动逆断裂与活动褶皱也是重要的发震构造。受台湾地震的影响，福建和广东沿海北西向特别是北东向断裂往往被激活，形成地震，如福建省南日岛到广东省南澳一线的泉州—汕头地震带。1604年12月29日，泉州以东海域发生8.0级地震，震源深度约25千米。这是中国东南沿海最大的一次地震，古城泉州及邻区遭受严重破坏。据史料记载，"初八地震（前震），初九夜大震（主震），山石海水皆动"，泉州城内外楼房店铺全都倾倒。受此次地震影响的地方还有厦门、金门、安海、同安、南安、丰州、惠安、莆田、平潭等。等震线的长轴方向呈北东—北偏东，平行于南日岛断裂，该断裂走向北东30°～45°，倾向南东，倾角为50°～60°。1604年泉州地震具有下列特点：晚期前震较密集，余震持续时间长，主震后4年余还有余震发生，主震时伴有地声。这些特征对于防范中国东南沿海泉州—汕头地震带上强震有一定的意义。主震前3年余，有感地震主要集中在莆田至漳州沿海地带，呈北东向条带分布，总长达200千米。余震活动可以分为两个阶段：第一阶段是主震后的半年内，余震活动十分频繁；第二阶段是主震后的半年之后，余震频次明显减少，两次强余震的时间间隔达23个月。

　　江苏省南通市和盐城市以东的南黄海也是地震活动较为集中的地方。黄海是在扬子地块基础上由早新生代裂陷作用形成的。地堑正断层走向北偏东—南偏西或北东—南西，并被北偏西—南偏东向左旋走滑断层错断。

　　1668年7月25日晚8时左右，山东省郯城和莒县之间发生8.5

级大地震，震中位于 35°6′N，118°36′E，推测震源深度为 13 千米～15 千米，形成的同震破裂至少长 130 千米，走向北东 20°～25°，向东南倾 60°～80°，右旋走滑位移为 7 米～9 米。这是发生在郯庐断裂带上的一次特大地震，也是中国东部迄今为止最强烈的地震，有感范围波及陕西、山西、河北、河南、湖北、江西、安徽、江苏、浙江、福建等省，总面积约 100 万平方千米。

郯城地震那天，《聊斋志异》的作者、文学家蒲松龄正好在山东临淄，晚上 8 时左右他正与表兄李笃在旅馆对酌畅饮，忽闻有声如雷自东南来，向西北去，众骇异，不解其故。紧接着桌子开始摆簸，酒杯倾覆，屋梁椽柱错折有声，人们相顾失色，呆滞了一阵才意识到是地震，来不及穿衣裤便急忙逃出屋外。只见远近楼阁房舍剧烈摇晃仆而复起，墙倾屋塌之声与儿啼女号交混鼎沸。人眩晕坐立不稳，河水倾泼猛涨丈余，鸦鸣犬吠不停，一个多小时始稍定。蒲松龄把自己的这些亲身体验和所见所闻，写成《地震》一文。

除 1668 年地震外，仅全新世以来郯城和莒县之间的郯庐断裂带上，至少还有另外三次大于或等于 8.0 级的古地震，平均复发周期约 3200 年。为什么这个地区多次发生大于或等于 8.0 级的大地震？这个地区肯定具有特殊的地质条件。我们认为这个特殊的条件就是强岩，只有震源区有强岩才能发生强震。郯城和莒县之间的地下正是高强度的苏鲁超高压变质岩，如长英质片麻岩、花岗岩和榴辉岩等。从 1969 年到现在，地震台网的记录显示，郯城和莒县之间的郯庐断裂带上小震密集成带，表明 1668 年地震的震源区至今尚未完全愈合，断层岩尚未完全固结。由此可见，由压溶一体搬运主导的断层愈合作用是非常缓慢的。1995 年日本大阪—神户大地震之后，日本科学家立即在发震的野岛断裂带实施了科学钻探，并分别于 1997 年、2000 年和 2003 年进行了三次注水试验，以了解大地震之后断裂带空隙度和渗透性的演化规律，他们发现地震6年后断裂带的渗透性仅减少40%，说明断层愈合作用往往是非常缓慢的。在1668年地震前2000年的历史上，山东省郯城、莒县地区似乎没有发生过强震，说明该段郯庐断裂曾处于闭锁和弹性应变能积累阶段（地震空区）。由此证明，大地震往往发生在本该活动而又长期未活动的地震空区。即使现在，郯庐断裂的许多区段依然是不得不防的危险区域。

③ 拉萨地块

这里所说的拉萨地块包括喜马拉雅地体和拉萨地体。雅鲁藏布江断裂带分开了南边的喜马拉雅地体和北面的拉萨地体，它是印度洋板块与欧亚板块碰撞的缝合带，喜马拉雅地体是这两大板块碰撞产生的增生地体。雅鲁藏布江断裂带原先是逆冲推覆（1000万年之前），现今是右旋走滑，速率是5毫米/年。嘉黎断裂是拉萨地体和冈底斯地体之间的边界，嘉黎断裂绕过喜马拉雅东构造结与怒江断裂带和缅甸境内的实皆（Sagaing）断裂带相连，构成印支地块的西界。嘉黎断裂在晚第四纪右旋走滑速率为6毫米/年～10毫米/年。

西藏最危险的地震莫过于发生在喜马拉雅主边界逆冲断裂带（Main Boundary Thrust）上的地震。

西藏拉萨地体上有14～15条南北或近南北向的裂谷（图6-9），它们是由近东西或南偏东—北偏西向拉伸作用造成的上地壳的脆性变形。受到印度洋板块和欧亚板块南北向的强烈挤压，西藏高原发生隆升和快速侧向伸展，在高温高压的中下地壳岩石做塑性形变，但在弹性的上地壳中在垂直于南北挤压方向上形成东西向水平拉张，形成南北向脆性正断层。这些裂谷有的是双侧对称断陷，有的是单侧不对称断陷。这些南北向裂谷控制一些第四纪盆地现代湖泊的分布。这些南北向的裂谷是历史上人类徒步穿越喜马拉雅山脉的方便之路，所以为中国与印度之间宗教、文化、商务交流发挥了重要的作用。西藏高原现代许多地震的成因都与这些南北向裂谷带中的正断活动有关。

④ 鲜水河—小江断裂带

鲜水河断裂带是松潘—甘孜地块与羌塘地块的分界线（图6-9）。该断裂带自青海省的玉树向东南延伸，经四川省的甘孜、炉霍、道孚、康定、磨西，过了石棉之后转为近南北走向，并分成两支：东支叫普雄河断裂；西支叫安宁河—则木河断裂，途经西昌、普格和会理。普雄河断裂和安宁河—则木河断裂在云南境内称为小江断裂。小江断裂向南延伸，最后在云南省元江附近与红河断裂相交。鲜水河—安宁河（则木河）—小江断裂带是一条大型的左旋走滑剪切带，晚新生代总走滑位移量从西北向东南逐渐减小：在玉树—甘孜段为78千米～100千米，炉霍—康定段有60千米，安宁河—则木河段为13千米～15千米，整个小江断裂带上有30千米。鲜水河—安宁河—小江断裂带现今左旋走滑速率为10毫米/年～13毫米/年。

鲜水河断裂带上有历史记载的7级或大于7级的强震就至少有13次（图6-9），例如，1923年3月24日四川炉霍—道孚7.25级地震。鲜水河断裂带上其他段历史上都发生过强震，唯独石棉地区没有强震记载。唐汉军等（1995）曾在石棉县新民乡花岗岩（强岩）中发现出现在16000年～17000年前一次强烈古地震的遗迹，说明鲜水河断裂带在石棉地区目前呈闭锁状态，有发生大地震的危险。

云南省境内的小江断裂是川滇活动地块和稳定的扬子地块边界，它北起滇川边界金沙江的巧家县北，向南经东川、宜良、通海、建水，最后并入红河断裂，走向近南北，平均水平滑移速率为 10 毫米/秒。自东川小江村起，小江断裂分东西两支，近乎平行向南延伸。小江断裂是一条构造成熟度较低的断裂带，带内有多条次级断层，彼此雁行排列，形态复杂，不仅断裂阶区多，断层面陡且转弯亦多，这些部位常处于闭锁状态，应力易强烈集中而引发强震，1500 年以来仅在小江断裂的云南段上就发生过 10 多次大于 6 级的地震。

1500 年以前小江断裂上也曾发生过许多次大地震，例如，明洪武十年（1377）江川地震，明星弯子沟一个村在地震时陷落入湖中（见云南省江川县志）。历史上俞元古城可能在北魏至唐代之间一次大地震中沉入抚仙湖（见杨鸿勋，《抚仙湖水下考古勘察的初步收获》，2001 年 7 月 11 日《中国文物报》）。

⑤ 滇西地震区

滇西的构造很复杂，除了前面谈到过的红河断裂带外，澜沧江断裂带、怒江断裂带、大盈江断裂带、龙陵—瑞丽断裂带、程海—宾川断裂带、澜沧—耿马断裂带、兰坪—思茅断裂带、无量山断裂等都是地震活动断裂（图6-9）。普洱—思茅地区近百年来发生大于 6.0 级的强震至少 10 次，震中大多位于高强度的巨大的临沧花岗岩基东侧，发震断裂主要是澜沧江断裂带及其派生断裂，例如北西向的黑河断裂和南西向的南汀河断裂。

据卫星照片解析，苏典断裂总体南北走向，南起盈江盆地的北西侧，经孟典、黄草坝、苏典等地向北一直延伸至缅甸境内，断裂总长度为 80 千米，其中中国境内有 55 千米左右。沿苏典断裂分布着一系列盆地（当地人叫坝子），如孟典盆地、黄草坝盆地、苏典盆地等，这些盆地都是第四纪以来由苏典断裂运动形成的一系列串珠状的拉分盆地，接受来自周围剥蚀山体的沉积，形成可以农耕的土壤，于是每一个拉分盆地就成为当今人民居住的村庄。

盈江县及其周边地区位于三江褶皱断裂带西部的腾冲地块内，区内第四纪火山活动强烈，仅在腾冲一带就有60余座第四纪火山。近几百万年来，该地块发生顺时针旋转，区内形成以近南北向与北东向断层为主的活动构造格局，东边有北东向的大盈江断裂，西边有北东向的那帮断裂，中间有北东向的昔马—盘龙山断裂、南北向的苏典断裂与槟榔江断裂，南边有龙川江断裂，北边有固东—腾冲断裂、猴桥—中和断裂等，这些断裂都有一定的发震能力，中等强度地震历来活动频繁，自1929年以来共发生5级及以上地震27次，尚没有发生过6.5级以上地震，但是人类历史有地震记载的时间实在太短了，而强震复发周期往往上千年或几千年，因此不能排除盈江及其周边地区具有发生6.5级以上强震的可能，特别对于那些总长度超过70千米～80千米的大断裂带，例如固东—腾冲断裂、苏典断裂，尤有发生强震的可能。

　　在云南境内，红河断裂北段和小江断裂之间还有条地震活动断裂：程海—宾川断裂。程海—宾川断裂在弥渡南边并入红河，向北经祥云、宾川、期纳、程海、永胜，然后达金官转为北西向。全长200多千米，是一条左旋走滑断层，它主要协调红河断裂北段和小江断裂的构造运动。

⑥　龙门山断裂带

　　在中国地图上有一条由著名地理学家胡焕庸（1901—1998）先生提出的"胡焕庸线"。胡焕庸线，北起黑龙江瑷辉县，西南达云南腾冲，它把中国大陆分成西北和东南两部分。线的东南侧，土地只占整个国土面积的36%，人口却占全国的96%。线的西北侧，有着64%的国土面积，但只有4%的人口。在四川省的地图中，也有这样一条人口分布疏密的对比线，它就是龙门山脉。龙门山以东是被誉为"天府"的成都平原，"田肥美，民殷富……沃野千里，蓄积饶多，此谓天府"。龙门山以西是中山、高山、极高山和高原的世界，遍布湍急的河流、深切河谷，自然环境注定这里不能像川东一样养活众多的人口，而只能是游牧民族的天下。

龙门山是青藏高原东缘边界山脉，横亘于青藏高原和四川盆地之间。龙门山脉北东—南西向长约500千米，北西—南东向宽约40千米～50千米，从东到西分别是前山冲积平原（海拔约500米）、高山地貌（海拔2000米～5000米）和高原地貌（海拔4000米～5000米），为当今世界上坡度最陡的高原边界。龙门山地区的地形坡度比喜马拉雅山南坡的还大，这样的地貌特征本身就说明垂直于龙门山方向上的水平构造应力分量很大。前人的野外地质考察和古地磁资料都证明龙门山脉晚新生代以来经受了强烈的右旋斜冲。但是，横跨龙门山布设的全球定位系统区域观测网在汶川地震之前近十年的测量结果却显示基本上没有位移（图6-10）。事实上，在GPS观测的时间段内，龙门山断裂带处于闭锁状态，并不证明龙门山断裂带是不活动的构造。

汶川地震证明用历史地震记载和现代GPS数据来评估区域地震危险性是有局限性的。一般来说，大陆板块内部的大地震的复发间隔很长（几千年到几万年），而历史地震记载很短，即使像中国这样地震记载历史悠久的国家，较完整的地震记载历史也不过几百年至近千年，这些记录不足以反映陆地地壳内部地震真实的、完整的复发历史。汶川地震在历史地震活动水平较低的龙门山中段突然发生，再一次说明研究活动断裂带古地震的重要性，只有系统地研究了整个地区所有的古地震发生的地点、强度与年龄，才能正确判断断裂带的地震活动水平、复发周期以及最后一次地震事件至今的离逝时间。

与龙门山隆起有关的主干断裂主要有三条（图2-1，图2-2）：西边一条叫龙门山后山断裂，沿茂县—汶川—卧龙一线，也被称为汶川—茂县断裂，大体上沿汶川到茂县的高山峡谷延伸；东边

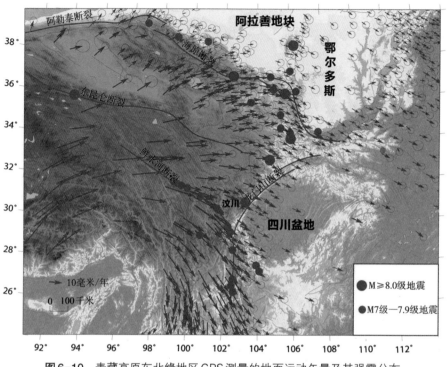

图6-10 青藏高原东北缘地区GPS测量的地面运动矢量及其强震分布

一条叫龙门山前山断裂或边界断裂，沿安县—都江堰—天全一线，也被称为安县—灌县断裂；中间那条叫龙门山中央断裂，沿映秀—北川—青川一线，也被称为映秀—北川—青川断裂。这三条断裂呈叠瓦状，都向北西倾，在地下20千米～24千米深处，这三条断裂收敛合并成一条缓倾角的逆断层，成为青藏高原推覆到四川盆地之上的主控制构造。在地表，后山断裂的倾角为60°～85°，中央断裂的倾角为50°～80°，这两条断裂都表现为脆性变形叠加在早期（约1.30亿年前）的韧性变形（糜棱岩、构造片岩）之上。前山断裂发育在中生界（三叠系、侏罗系、白垩系）的地层和岩石中，地表的倾角也较陡，主要呈脆性。在印支构造期，龙门山中央断裂做韧性推覆，后山断裂为韧性正断，夹在这两条断裂之间的彭灌杂岩和宝兴杂岩被韧性挤出（隧道流）。这些杂岩是活化了扬子地块的结晶基底。晚新生代之后，龙门山三条主干断裂都做脆性右旋斜冲。

前山断裂是四川盆地与龙门山脉的天然分界线，前山断裂的东边地壳相对沉降，河流从龙门山里带出大量的泥沙物质，在前山形成一系列冲积扇，成都平原的人民世世代代在上面耕种着。前山断裂与中央断裂之间所夹的是低龙门山区，从东到西依次是丘陵、低山、中山，最高山的海拔一般不超过2500米，山体的岩石主要是上古生界（泥盆系、石炭系和二叠系）、中生界（三叠系、侏罗系和白垩系）的。中央断裂与后山断裂之间所夹的是高龙门山区，山峰高度多在3500米以上，其中九顶山的狮子王峰海拔4984米，为龙门山的最高峰。高龙门山区的山体主要由前寒武系的彭灌杂岩（由花岗岩、花岗闪长岩及铁镁质的基性岩石脉组成）以及下古生界（寒武系、奥陶系和志留系）的地层和岩石构成。

1929年，年轻的地质学家赵亚曾来到当时还是地质空白区的四川龙门山地区进行科学考察，他在彭州的白鹿顶和小鱼洞一带，发现山顶上较老的二叠系石灰岩覆盖在较新的三叠系含煤岩层之上，他把这些山顶命名为"飞来峰"，他的研究成果被当年的《中国地质学会志》收录。后来，地质学家把这种地质现象称为推覆构造，老的岩体顺着一系列逆冲断层被强推到新的岩层上面，就像一组由西北到东南被推倒的多米诺骨牌。被强推上去的岩体叫推覆体，这些推覆体经过后期地质作用的改造，形成景色秀丽的飞来峰群。龙门山比较著名的飞来峰自北到南分别有唐王寨飞来峰、清平飞来峰、彭灌飞来峰、白石飞来峰、金台山—中林飞来峰等，这些飞来峰大多位于中央断裂和前山断裂之间。地质学家估计，在垂直龙门山脉方向有43％的地壳缩短率，在这个方向上地壳岩石遭到挤压缩短，故形成高山。

1800年以来，龙门山中段的前山断裂上先后发生过4次中强地震。龙门山后山断裂自1597年以来，共发生过4级以上地震13次，最大的一次是清顺治十四年三月初八（1657年4月21日）发生于汶川—茂汶断裂带中段的6.5级地震，史书上记载那次地震："地震有声，昼夜不断，山石崩裂，江水皆沸，房屋城垣多倾……"龙门山中央断裂自1168年到汶川地震之间只发生过12次4级地震，1次6.2级地震。在汶川县映秀镇可以看到五级阶地，一级阶地是汶川地震形成的，河床抬高了2.2米；二级阶地高3米；三级阶地高7米；四级阶地高25米；五级阶地高7米。五级阶地的形成年龄在52700年左右，垂直累计抬升高度为44.2米，所以断裂带的平均垂直滑移速率为0.84毫米/年。如果每一次地震可以形成2.5米左右的垂直滑移，那么这个地区发生类似汶川地震的复发周期就是3000年。

汶川地震之后，地震地质专家在龙门山地区开展了一系列古地震研究，分别在中央断裂、前山断裂和小鱼洞断裂上开挖了一些探槽。在映秀镇附近，发现了2次古地震事件；在北川县的擂鼓镇、沙坝村、邓家村、桂溪村，均发现了1次古地震事件。在白鹿镇，发现了2次古地震事件。此外，在小鱼洞断裂上的3个地方各发现了1次古地震事件。此外，龙门山地区分布有众多的石灰岩溶洞，其内部常发育有钟乳石与石笋，在地壳稳定的情况下它们是垂直于地面生长的，每遇到一次地震钟乳石与石笋会发生明显的偏斜，结合碳-14测年，地质学家就能研究其偏斜的时间，即当地的构造活动性与地震的复发周期。据彭州市三个石灰岩溶洞（白鹿镇塘坝村溶洞、葛仙山镇莲花洞、玉堂镇龙凤沟溶洞）的研究，邵兆刚等（2014）发现，该地区的地震复发周期为2100年～2500年。这些发现再一次说明龙门山中几条主要断裂都是活动的，四川省的防震减灾工作依然任重而道远。

⑦ 昆仑断裂带和西秦岭断裂带

昆仑断裂带是青藏高原北部—东北部一条重要的断裂带（图6-8）。它从西向东，起于布喀达板峰，经库赛湖、西大滩、东大滩、秀沟、阿拉克湖、托素湖、玛沁，再经阿尼玛卿山之后呈马尾状，分叉成三支：南支叫阿万仑断裂；北支叫哈拉—郎木寺—迭部—武都断裂；中支即东昆仑主干断裂，经四川九寨沟与南北向延伸的岷江断裂和虎牙断裂相接。整个昆仑断裂带都以左旋走滑为主，平均滑移速率达12毫米/年～13毫米/年。在东经101°以西，昆仑断裂带的走滑速率为10毫米/年～12毫米/年，玛沁—玛曲段的平均走滑速率为13毫米/年。

1879年7月1日甘肃省南部陇南和文县之间发生8.0级地震，震中位于33°0′36″N，104°48′E，地震发生在昆仑断裂带东端的一个分支断裂：哈南—稻畦子—毛坡拉断裂带，该断裂呈北东向，西起四川省南屏县哈南寨，向东过甘肃省文县的堡子坝、桥头屯岸、梨平，然后在固水子和外纳一带穿越白龙江，最后到达甘泉东边和另一条东西向的断裂汇合，全长170千米，为一条左旋走滑、局部兼具逆冲或正断性质的断层。1879年同震破裂的左旋水平位移量6米，垂直位移分量3米～5米。

昆仑断裂带于1902年在都兰西发生了6.9级地震，1963年4月19日在都兰的阿拉克湖附近（35°31′48″N，97°36′E）又发生了7.1级地震，断层走向277°、向北倾80°，错距1米～2米。1937年1月7日花石峡、托索湖一带（35°24′N，97°41′24″E）发生7.5级地震，地表破裂带长208千米，走向在托索湖以西为100°～110°，在托索湖以东为130°～140°。破裂带倾角陡（＞70°），错距3米～4米，断层性质为左旋走滑，倾滑分量很小，位移的水平分量是垂直分量的4倍～5倍。

岷山隆起长约150千米，宽50千米～60千米，由一系列海拔高于4500米的山峰组成，最高峰雪宝顶海拔5588米。岷山隆起的东西边界分别是虎牙断裂和岷江断裂（图2-1，图2-2）。岷江断裂为左行斜冲断裂，垂直分量大于水平分量，地表断层破碎带特别发育。1933年的叠溪地震（7.5级）就发生在岷江断裂上，该地震曾引发大规模山体滑坡、泥石流等地质灾害，大量崩落岩石土方阻塞岷江，在上游形成4个堰塞湖。震后45天，坝体溃决，洪水泛滥达500千米之远，淹死至少两万人。岷江断裂于1713年也发生过一次6.5级地震。构造地质学研究表明，200万年以来岷江断裂共左旋位移近2.4千米，平均水平滑移速率为1.2毫米/年。王萍等地质学家在叠溪地区沙湾村识别出7个由砾石与软泥组成的混杂堆积层，经有机物质碳-14测年得出，这些混杂堆积层是由20000年～26000年的古地震导致的滑坡与泥石流形成的震积层，从而证明岷江断裂是一条强震频发区。

虎牙断裂也是一条左旋走滑斜冲断层，东西两侧地形高差达1000米。1976年8月16日和23日松潘、平武两次7.2级地震就是发生在虎牙断裂上。岷江断裂和虎牙断裂过去被看作是龙门山断裂带的一部分，这里我们有必要将它们归于昆仑断裂带东端的转折部，原因如下：第一，汶川地震的余震系列全部集中在四川省映秀镇到陕西省勉县之间北东向延伸的带内，并没有进入岷山地区。顺便说一下，确定地震破裂断层位置最可靠的方法是对主震后余震进行观察，余震震中集中分布的地方就是地震破裂的断层所在地。第二，虎牙断裂和岷江断裂都是左旋走滑斜冲断裂，与其东边的右旋走滑斜冲的龙门山断裂带性质截然不同，证明岷江断裂与虎牙断裂和龙门山断裂带不属于一个构造系统。

昆仑断裂带和秦岭断裂带的交会地段即西秦岭断裂带，甘肃省天水市历史上多次遭受西秦岭断裂带活动的震害。唐肃宗乾元二年（759）杜甫写过一首诗，名叫《山寺》：

野寺残僧少，山圆细路高。

麝香眠石竹，鹦鹉啄金桃。

乱石通人过，悬崖置屋牢。

上方重阁晚，百里见秋毫。

那一年，杜甫到了秦州（今甘肃省天水市秦安县叶堡乡），住在侄儿杜佐家里，在游览位于秦州府东南约70千米处的麦积山石窟时写下了这首诗。麦积山为一孤峰拔地而起，好像农民夏收后晒场上堆起的麦垛，故有麦积山之称。

唐玄宗开元二十二年（734）秦州发生了7.5级地震，震中位于现今天水市马跑泉镇（34°30′N，105°54′E），震中烈度10度。庙宇及庐舍崩塌殆尽，地面开裂，裂而复合，"陵迁为谷，城复于隍"（山体滑塌，城垣破坏），压死四千余人。麦积山石窟东西崖佛龛也被地震一劈为二。震后秦州中都督府异地重建，从现在的天水市秦州区搬迁到了现今秦安县叶堡乡，那时候叫敬亲川金城里新城。取名"金城里"，图"固若金汤"之意。附近几个县府也异地重建了。例如，成纪县府搬迁到金城里新城，清水县府也从现今的清水县北李家崖村搬迁到牛头河南岸。

7.5级地震发生25年后，杜甫在麦积山石窟，看到的依然是残垣断壁、杂草丛生、荒凉败落的寺院，僧人无几（地震加上后来的安史之乱，僧人死的死、逃的逃），人迹罕至。顺着长满青草的羊肠山道艰难地向上走，路旁却有着一种自然无为的宁静，麝香鸟酣睡于石竹花丛中，鹦鹉正啄食熟黄的桃子。25年前地震时从山上滚落下来的巨石，还不时挡住道路，游人只好绕开巨石走。僧人居住的石屋凿在高高的悬崖上。在夕阳下，诗人登上了山顶的寺阁，极目远眺，宁静的美景尽收眼底，诗人顿时神清气爽。

⑧ 阿尔金与祁连山断裂带

阿尔金与祁连山断裂带构成青藏高原北边界。阿尔金左行走滑断裂带全长约1800千米，总体走向60°～70°，分隔了塔里木盆地和柴达木盆地。据中国地质科学院李海兵研究员估计，沿阿尔金断裂带累计总滑移量500千米～1000千米。阿尔金断裂带过了柴达木盆地之后呈帚状转变为一系列的近东西向左行走滑逆冲断裂，穿行于祁连山、大雪山—托勒南山、党河南山及柴达木山的南北边缘，构成显著的盆山耦合的特征。阿尔金断裂带的左行走滑运动受控于印度洋板块与欧亚板块的碰撞，造成青藏高原的南北向缩短与东西向扩张。高原内部物质被迫向北东运移，形成北东向的阿尔金大断裂与近东西向的昆仑大断裂。

1932年12月25日，中国甘肃玉门市昌马乡（昌马堡）东南50千米的红窑子南沟发生7.6级地震，震中为39°42′N，97°E，震源深度20千米，震中烈度10度，死亡7万人。地震发生时，山岩乱蹦冒出灰尘，中国著名古迹嘉峪关城楼被震塌一角，疏勒河南岸雪峰崩塌，千佛洞落石滚滚，余震频频，持续竟达半年。发震断裂是昌马断裂，位于祁连山北部昌马—西水峡山间盆地的南缘，由多条活动性断层组成，总体走向呈北偏西向。沿昌马断裂带分布有加里东期超基性岩，晚第三纪末，沿该断裂前震旦系的结晶灰岩逆冲在中下第三系河流相沉积（白杨河组）之上。第四纪时，昌马断裂控制了北侧昌马盆地的形成和发展。1932年昌马地震的同震断裂走向275°、向北倾79°，左旋走滑兼具斜冲。

1125年8月30日在兰州市西固区以南至河口一带发生7.0级地震，发震断裂是马衔山北缘断裂，它是祁连山数条大断裂中的一个分支。马衔山北缘断裂东起定西内官营，西至兰州河口八盘峡，长116千米，在1125年古地震遗址处断层走向290°、向北东倾70°，左旋走滑为主，兼具一点逆冲运动分量，晚第四纪以来，该断裂的水平走滑速率为2.50毫米/年～3.73毫米/年，这条断裂一旦复发将会给甘肃省会兰州带来震灾。

阿尔金断裂的西南段是强震的高发区，如1924年民丰发生的7.3级双震。

地质文献常把青藏高原与鄂尔多斯地块、阿拉善地块之间的三角区域称为青藏高原的东北隅。区内有两条著名的断裂带，一条是海原断裂带，另一条是中卫—同心断裂带，都具左旋走滑逆冲性质。海原断裂带西连祁连山（甘肃景泰），东接六盘山（宁夏固原），全长240千米，宽20千米～30千米，总体走向从西向东由近东西向转为北西—南东向，现今的左旋滑动速率达6.8毫米/年～9.2毫米/年。

1920年12月16日，海原发生地震。

海原地震是中国历史上波及范围最广的一次地震，宁夏、青海、甘肃、陕西、山西、内蒙古、河南、河北、北京、天津、山东、四川、湖北、安徽、江苏、上海、福建等17个省市有震感，有震感面积达251万平方千米。海原地震还造成了中国历史上最大的地震滑坡，长达5500米，地震中滑移了1200米。地震发生时山崩土走，有房屋随山体移动二三里。如今，在海原地震同震断裂带215千米范围内，断头沟、短尾沟、断塞湖等地震地貌仍然清晰可见。海原断裂以左旋走滑为主，仅在断层的重叠或转弯处垂直分量增加。海原地震地表同震破裂的最大断距为14米～17米，平均断距为7米。地震地质学家在海原断裂上找到至少5次8级左右古地震的遗迹，估算原地复发间隔为1600年～2300年。

值得一提的是海原地震之前出现了地震围空特征，亦即在海原地震发生之前的280年内，震中周围直径约200千米的范围内没有出现过5级以上地震，能量在积蓄，直到1920年12月16日8.5级地震发生，能量释放。主震之后，地震空区旋即消失，以后所有余震均出现在原先的地震空区之内。此外，海原地震的临震前兆有地下水位变化、地声、地光及动物行为异常等。

中卫—同心断裂带西起祁连山东端的古浪附近，向东依次经长岭山、天景山、桃山、庙山，直达六盘山北端，总长200千米。1709年中卫7.5级地震就发生在该断裂带上。

⑨ 天山断裂带

天山夹在塔里木和准噶尔两大盆地之间（图6-8）。有历史记载以来，塔里木地块内部没有发生过强震，是一个正在做顺时针旋转的刚性地块，其位移速度由西向东逐渐减小，从西边的10毫米/年～12毫米/年减到东边的4毫米/年～5毫米/年。塔里木地块绕直立轴顺时针旋转的速度为每百万年0.679°±0.059°，如此旋转使天山断裂带中地震活动由西向东逐渐衰减。天山西高东低，西边的汗腾格里山海拔5000米以上，最高峰托木尔峰海拔7435米；库鲁克塔格以东一般在海拔1000米～2000米，说明构造挤压是西强东弱。

新疆乌鲁木齐受地震灾害威胁的状况和四川成都很相似。乌鲁木齐位于天山北麓的前山坳陷之中，这个前陆盆地东西长约300千米，南北宽50千米～80千米。乌鲁木齐前陆盆地南边就是天山，它是由三排逆断层—褶皱带组成，逆断层皆向南倾，上盘皆向北推覆。

1906年玛纳斯7.7级地震以及其他许多发生在北天山前山盆地内的地震都与沉积岩层褶皱下面的隐伏逆断层活动有关，这类地震的同震破裂往往传不到地表，逆断层的上端点和背斜褶皱相连，同震变形在地表以地面隆起（背斜褶皱）的方式出现，地面上的破坏主要是地震震动和重力效应造成的，由断裂在地震时扩展造成的岩层褶皱称为断展褶皱或活动褶皱。

⑩ 阿尔泰断裂带

阿尔泰断裂带包括好几条彼此近乎平行、呈东北—西南向延伸的右旋走滑断裂（图6-8，图6-10），如额尔齐斯断裂、二台断裂、布尔根断裂、额尔格朗图断裂、乌列盖断裂等。1923年9月22日伊尼亚6.0级地震发生在乌列盖断裂带的北端。1931年8月11日新疆富蕴县和青河县发生8.0级地震，震中位于46°30′N，90°30′E，震源深度约19千米，史称富蕴地震。富蕴地震的发震断层是北西或北偏西向、陡倾的可可托海-二台右旋走滑断裂带，同震破裂全长176千米，一般宽度10米，最大宽度达4千米，最大右旋水平位移量达14米。在震中所在地的卡拉先格尔山附近，烈度达11度，在长1500米、宽350米的地震塌陷区内，地裂缝纵横交错，劈开山梁、断开水系，岩石开裂，岩层被拉开了宽6米、深10米的深槽。长约20千米的高山竟然整体下降了10米，并因山体的断裂，还在塌陷区形成了高度在60米以上的崩滑破裂面。好在当时这一地带人烟稀少，牧民住在毡房里，虽然这是8.0级地震，造成的人员伤亡并不大。

⑪ 鄂尔多斯地块周边断陷系

鄂尔多斯地块是一稳定地块，其结晶基底与华北地块的相同，都由早前寒武纪（太古宙—早元古代）高级变质岩石组成。鄂尔多斯地块内部没发生过6级以上地震，它的北缘以阴山为界，南缘以秦岭和伏牛山为界，西缘以贺兰山和六盘山为界，东缘以吕梁山为界，其范围是33°6′N~42°N，103°30′E~114°30′E。鄂尔多斯地块现代的受力情况很像巧克力中的花生米，以2毫米/年~4毫米/年的速率向东北方向运动，同时绕直立轴逆时针旋转使其东西两边缘受力拉张形成两个断陷系，西边的是银川地堑，东边的是山西裂谷。鄂尔多斯地块南北两侧分别是渭河盆地和河套盆地，它们分别受控于近东西向左旋正走滑断裂带。控制渭河盆地的是华山—秦岭北缘断裂，垂直滑移速率为2毫米/年～3毫米/年，水平滑移速率为1.5毫米/年～2.2毫米/年。渭河断陷带在宝鸡、西安、渭南、华县等地的震源机制解分析显示，近东西向，垂直，近南北向。控制河套盆地的是阴山断裂带，其垂直滑移速率为2.4毫米/年～6.5毫米/年，左旋走滑速率为5毫米/年。鄂尔多斯地块周边断陷系是中国重要的地震活跃区之一，据历史记载，近2000年间该区曾发生5次8级地震，6次7.0级～7.5级地震，28次6.0级～6.75级地震。中国地震局地质研究所邓起东院士研究发现，鄂尔多斯地块周边断陷区的古地震原地复发周期一般为1500年～2000年，有些可达2000年～3000年。鄂尔多斯周缘中小地震的断裂滑移矢量数据的统计结果表明，60%的断裂属于斜滑型，23%属于倾滑型，17%属于走滑型。鄂尔多斯地块周边断裂带上或附近地区分布有许多大中城市，如大同、太原、呼和浩特、包头、银川、西安、咸阳、宝鸡等，其中四个是省会城市，所以防震减灾工作尤为重要。

阴山断裂带西起内蒙古的乌海、磴口，经临河、五原、包头、呼和浩特，东到山西大同。该断裂在鄂尔多斯地块和阴山山脉（狼山、色尔腾山、乌拉山和大青山）之间形成一系列地堑式断陷盆地，即河套盆地。阴山断裂带曾于公元前7年发生过一次7.0级地震，以后好像一直没有7.0级以上的地震记录。近一百年来发生过几次6级多的地震。有专家认为，阴山断裂带西部的五原和乌海之间是长期存在的明显的地震空区，有发生7.0级地震的危险性。

银川地堑的西边界断层是贺兰山东麓前山断裂，银川地堑的东边界断层即黄河断层，银川地堑内部还有两条主要断层，它们分别是永宁—贺兰—姚伏断裂和平吉堡—潮湖—简泉断裂。这四条断层都呈北偏东向，西边两条向东倾，东边两条向西倾，都是活动断层，平均位移速率约5毫米/年，它们的活动控制着银川地堑中第四纪沉积与地震灾害，宁夏省会银川正位于银川地堑的中央。银川可能是中国唯一受过直下型地震严重破坏的省会城市。清乾隆三年十一月廿四（1739年1月3日）宁夏银川与平罗之间发生8.0级地震，史称平罗地震。震中位于38°48′N，109°30′E，发震于贺兰山东麓前山断裂，断裂呈北偏东向延伸，南东东倾，震源深度15千米～20千米，形成长约180千米的右旋正断同震破裂带。建于明世宗嘉靖十九年（1540）的明长城在这次地震中被右旋错断1.45米，垂直错断0.9米。据清乾隆二十年（1755）王绎辰编纂的《银川小志》记载，"地忽震有声。地下如雷，来自西北往东南，地摇荡掀簸，衙署即倾倒，太守顾尔昌，全家死焉"。

平罗地震造成巨大人员伤亡的主要原因有以下三点：其一，平罗地震时正值隆冬，每家每户都烤火取暖，房倒火起，火势甚炽，烧毁衣物、家具、粮食等。其二，银川平原的房屋建在黄河冲积物上，主要是粉砂、细砂和湖泊淤泥，地震造成砂土液化，地基失稳，加重了建筑物的破坏。史书上记载，"满城城垣低陷，东南北三门俱不能出入"。其三，地震中地下水喷出地面造成严重水灾。"地下涌泉，直立丈余者不计其数，四散奔溢，深七八尺暨丈余不等，东连黄河，西达贺兰山，一二百里皆成一片冰海"。

1739年平罗地震属于主震—余震序列的。地震前20年内当地没有有感地震发生。8.0级地震发生后，余震持续3年之久，但是最大有感地震才5.5级。主震伴有地声。清乾隆二十年（1755）编纂的《银川小志》还记有预报余震的经验："宁夏地震每岁小动，民习以为常，大约春冬二季居多，若井水忽浑浊，炮声（地声）嘶长，群犬围吠，即防此患（即会发生地震）。若秋多雨水，冬时未有不震者。"

鄂尔多斯地块的东缘是山西裂谷，它是由一系列地堑或半地堑型断陷盆地右行斜列而成的断陷带（如大同盆地、忻定盆地、灵丘盆地、太原盆地、临汾盆地、运城盆地等），每个断陷盆地基本上都是一侧深一侧浅，属不对称的掀斜盆地。GPS测量显示山西裂谷的拉张速率约4毫米/年。山西裂谷内历史上曾发生过许多次强震。例如，512年7.5级山西大同地震，发震断裂是一条长90余千米、走向东北、倾角40°～75°的正断层，名叫黄花梁—山自皂断层，同震断距约2.3米。大同盆地内，1022年和1305年曾分别发生6.5级地震。

元成宗大德七年八月初六戌时（1303年9月17日傍晚）位于临汾盆地的山西省洪洞赵城发生7.5级地震，等烈度线呈长椭圆形，长轴东北向。烈度9度以上的极震区北起太原盆地的平遥和介休，南达临汾盆地南端的侯马和曲沃，极震区各县死亡人数高达总人口的70%。地震发生在霍山断裂上，这是一条北偏东向、倾向西、高角度（倾角70°）的右旋走滑兼具正断分量的断层，构成临汾盆地的东界。受灾面积沿汾河流域分布，东西宽250千米，南北长500千米，北到太原、忻定，南达运城及河南、陕西等省的部分地区。山西、陕西、河南三省有51个府州县的志书记载了这次地震。地裂城陷到处可见。在其外围，北至忻县、定襄，南到河南沁阳，东至长治、左权，西到大宁、陕西朝邑，均遭到不同程度的破坏。这次地震死亡人数较高的主要原因除震级高以外，还有以下三点：第一，在临汾盆地内，房屋建在松散的沉积物之上，地基失效加重了建筑物的震害；第二，灾区建筑质量（特别是土墙房和土窑洞）很差，极不抗震；第三，震前无有感前震，人们毫无防备。

1614年平遥附近发生6.5级地震，1695年临汾盆地又发生另一次7.75级地震，史称平阳地震或临汾地震。洪洞地震与临汾地震的震中相距只有40千米，发生时间相隔392年。在这么小的区域里不到400年的时间内发生两次大地震，这是非常罕见的。这个地区岩石应变能量是如何积累的？孕震过程如何？这些都是地质学家需要研究的。

鄂尔多斯地块内没有壳内低速层，但在银川盆地以及山西地堑中普遍出现壳内低速层，低速层有时出现在下地壳（如银川盆地），有时在中地壳（如临汾盆地）。京津唐张（北京、天津、唐山、张家口）及周边华北平原地壳中也有地震波低速层，介于10千米和20千米之间。地震波低速层往往和电流高导层相对应，可能是含流体层，说明流体压力可能对地震发生起到一定的促进作用。

山西盆地东边的太行山地区也受右旋正断作用影响，形成破坏性地震。

⑫ 张家口—渤海断裂带

张家口—渤海断裂带的活动构造影响京津唐张及周边地区的安全，它西起山西裂谷的北端，往东经五台山，然后经过河北省的尚义和张北以及北京市的官厅水库、顺义、三河，最后在唐山与天津之间进入渤海，全长约1000千米。这条断裂带是阿尔金左行走滑断裂带跨越鄂尔多斯地块之后向东在华北平原上新的延伸和继续，预计500万年～1000万年之后，阿尔金断裂带将从其与祁连山交界处向北偏东方向扩展，从而直线连上张家口—渤海断裂带。目前张家口—渤海断裂带成熟度尚低，断裂分散，应变尚未高度集中。断裂带内次级断裂连续性差，多呈羽列状分布，断断续续，倾向不一，时陡时缓，急转弯和叠断障碍体非常普遍，应力容易集中形成地震。所以，华北断裂带历史上发生过多次大地震。

⑬ **应对策略**

中国大陆地震分布看起来很分散，其实规律性很强。中国大陆可以分为两个区域，其交界是一条过渡带。该过渡带的东界是郯庐断裂及其和海南岛的连线，西界是齐齐哈尔—北京—邯郸—郑州—宜昌—贵阳—河内（越南）连成的线，后者也就是松辽盆地的西界（大兴安岭的东界、太行山的东界、大娄山的东界）。上述两线所夹的过渡带即地震分界线。分界线以西的广大地区，活动断裂、活动褶皱、活动盆地都与印度洋板块楔入欧亚板块造成的青藏高原隆升和快速侧向扩展、大陆逃逸构造活动有关。流变性较好的造山带（如青藏高原和天山）和流变性较差的古老地块（如塔里木、准噶尔、阿拉善、鄂尔多斯、四川盆地等）在其边界强烈对抗，形成强震。地震线以东的中国沿海地区受太平洋和菲律宾海板块运动的影响也会发生地震，但其强度和频度比该线以西的青藏高原周边、天山、鄂尔多斯地块周缘以及张家口—渤海断裂带上的地震低得多。由太平洋板块在日本海沟向西深俯冲形成的地震在中国仅分布在吉林省珲春—汪清一带，这些深源地震对地面工程建筑破坏性不大。处于欧亚、菲律宾海和南海三个板块的交会部位的中国台湾地区地震不断。受台湾地震的影响，闽粤沿海北西向特别是北东向断裂往往被激活，形成地震。

综上所述，虽然中国大陆的现代地震受太平洋、欧亚、印度洋和菲律宾海四大板块联合作用，但最主要、最直接、影响最大的还是印度洋板块楔入欧亚板块造成的青藏高原隆升和快速侧向扩展、大陆逃逸构造活动。中国大陆的西南邻居——印度洋板块"太热情"，使劲地往欧亚板块里挤。有必要把上述过程作为一个完整、统一的"一盘棋"加以详尽的计算机数字和实验室物理模拟，研究中要充分考虑各地块及其边界带的流变学性质及其随深度的变化以及各断裂带三维空间的几何形态，厘清印度洋板块向欧亚板块楔入的每一步是如何造成中国大陆各断裂带的脆性变形（地震）响应的。

种种迹象表明，自2004年12月26日印尼苏门答腊岛北部海域发生特大地震并引发海啸以来，青藏高原及其周边的大陆逃逸构造系统正进入新一轮的活跃期。对此，我们准备好了吗？

地震灾害属于巨灾类型，其最大特点就是破坏性超大而发生频率很低。大地震在同一个地点，要上百年，甚至数百年才可能发生一次。生活在地震活动断裂带上或附近地区的居民往往一辈子也没有遇上一次破坏性地震，甚至几代人都没有感受到地震的威力和残酷。因而，地震灾害血的教训常常被人们遗忘。

由于地球内部的"不可入性"、大地震的"非频发性"和地震成因机理的复杂性等，目前人类还不能有效地、准确地预报地震发生的时间、地点和强度。现代科学已经让天文学家看到一百多亿光年之外的遥远天体，可是人类对于我们祖祖辈辈生活的地球，才深入到12千米处——苏联在克拉半岛打的一口科学钻井。即使对一次破坏性地震成功地进行了震前预报，居民可以走出房屋，但如果房屋不抗震，地震还是要毁坏我们的家园，导致重大的财产损失，造成严重的经济和社会后果。所以，防震减灾最有效、最实用的办法就是选择安全可靠、远离地震活动断裂的场地建房，努力提高建筑物的抗震性能。这是一项被日本、美国和南美诸多多震国家与地区证明的事半功倍的有效措施。

生命是宝贵的，莫让鲜活的生命建立在断裂带碰巧没有复发地震的偶然性上。只有科学地、准确地认识了地球的秉性，我们才有可能学会如何与大自然和谐共处。这正是本人写这本书的目的。

图书在版编目（CIP）数据

地球的奥秘：岩石、地震与人的关系 / 嵇少丞著.
－－ 杭州 ：浙江教育出版社，2017.11
　ISBN 978-7-5536-6076-9

　Ⅰ．①地… Ⅱ．①嵇… Ⅲ．①地震－普及读物 Ⅳ.
①P315-49

中国版本图书馆CIP数据核字(2017)第188115号

责任编辑　张　帆		责任校对　余晓克
美术编辑　曾国兴		责任印务　陆　江

地球的奥秘——岩石、地震与人的关系

DIQIU DE AOMI
——YANSHI DIZHEN YU REN DE GUANXI

嵇少丞　著

出版发行　浙江教育出版社
　　　　　（杭州市天目山路40号　邮编：310013）
图文制作　杭州兴邦电子印务有限公司
印　　刷　杭州富春印务有限公司
开　　本　710mm×1000mm　1/16
成品尺寸　170mm×230mm
印　　张　13.25
字　　数　166 000
版　　次　2017年11月第1版
印　　次　2017年11月第1次印刷
标准书号　ISBN 978-7-5536-6076-9
定　　价　36.00元
审 图 号　GS(2017)2377号

联系电话:0571-85170300-80928
e-mail:zjjy@zjcb.com　网址:www.zjeph.com